Fortsetzung am Ende des Buches!

	1-, 2- od. mehrjährig	Standort	Boden	Platzbedarf	Anmerkung
Kapuziner-kresse	einjährig	sonnig	geringe Ansprüche	20 cm hoch	Es gibt auch kletternde Sorten bis 3 m
Kerbel	ein- oder zweijährig	sonnig, halb-schattig	feucht	30 cm Abstand	auch im Topf
Knoblauch	Ernte im zweiten Jahr	sonnig	lockere, gute Gartenerde	25 cm	
Koriander	einjährig	sonnig, windge-schützt	leicht kalkhaltig	30 cm Abstand	
Kren (Meerrettich)	mehrjährig	sonnig	nährstoffreich, feucht, keine Staunässe	4–5 Pflanzen je m^2	Vermehrung kann durch Auspflanzen der dünnen Seitenwur-zeln erfolgen
Kresse	einjährig	keine besonderen Ansprüche	feucht	bildet Teppich	
Kreuzkümmel	einjährig	sonnig	feucht, nicht naß	30 cm Abstand	
Kümmel	zweijährig	sonnig	anspruchslos, mäßig feucht	20 cm Abstand	
Liebstöckel	mehrjährig	sonnig	normale Gartenerde	1 m Abstand je Stock	
Lorbeer	immergrüner Strauch	volle Sonne, windge-schützt	nährstoffreich	4 m Abstand	nicht winterhart, Kübel-pflanze
Majoran	mehrjährig	volle Sonne	nährstoffreich, nicht zu feucht	25 cm Abstand	empfind-lich, gut für Balkon und Topf

Manfred Neuhold

Gewürze aus dem eigenen Garten

Anbau, Ernte und Verwendung

Leopold Stocker Verlag
Graz – Stuttgart

Umschlaggestaltung:
DSR Werbeagentur Rypka GmbH, 8143 Dobl/Graz, www.rypka.at
Titelbild: Mona Lorenz, Gmunden; Herman Brinkman, www.sxc.hu; www.alpenstube.de

Bildnachweis:
Arvay: S. 13, S. 17; Fischerauer: S. 83, S. 84, S. 86; Gaigg: S. 88, S. 91, S. 97; Hauer: S. 105, S. 118, S. 135; Hausler: S. 110; Hufnagel: S. 103, S. 109, S. 115, S. 117; Jungwirth: S. 121, S. 123; Lorenz: S. 29, S. 79, S. 81, S. 93, S. 94; Meys: S. 9, S. 18, S. 19, S. 33, S. 54; Zötsch: S. 76.
Die restlichen Bilder wurden uns freundlicherweise vom Autor zur Verfügung gestellt.

Bibliografische Information der Deutschen Nationalbibliothek
Die Deutsche Nationalbibliothek verzeichnet diese Publikation in der Deutschen Nationalbibliografie; detaillierte bibliografische Daten sind im Internet unter http://dnb.d-nb.de abrufbar.

Hinweis: Dieses Buch wurde auf chlorfrei gebleichtem Papier gedruckt. Die zum Schutz vor Verschmutzung verwendete Einschweißfolie ist aus Polyethylen chlor- und schwefelfrei hergestellt. Diese umweltfreundliche Folie verhält sich grundwasserneutral, ist voll recyclingfähig und verbrennt in Müllverbrennungsanlagen völlig ungiftig.

Auf Wunsch senden wir Ihnen gerne kostenlos unser Verlagsverzeichnis zu:
Leopold Stocker Verlag GmbH
Hofgasse 5 / Postfach 438
A-8011 Graz
Tel.: +43 (0)316/82 16 36
Fax: +43 (0)316/83 56 12
E-Mail: stocker-verlag@stocker-verlag.com
www.stocker-verlag.com

ISBN 978-3-7020-1401-8

Layout und Repro: DSR Werbeagentur Rypka GmbH, 8143 Dobl/Graz
Druck: Druckerei Theiss GmbH, 9431 St. Stefan, www.theiss.at

Inhalt

Manfred Neuhold

Der Segen des Gewürzes

Pfeffer und Salz, Gott erhalt's. Die beiden haben schon manche fade Suppe genießbar gemacht. Aber Würzen ist mehr als das. Denn die meisten Pflanzen, die wir als Gewürze nutzen, sind auch Heilpflanzen. So kann man mit der richtigen Würze nicht nur jeder Speise geschmackliche Glanzlichter aufsetzen, sondern zugleich auch seiner Gesundheit Gutes tun.

Gewürzkräuter: Wenig Arbeit, aber immer Nutzen für die Küche.

Fantasievoll zu würzen – das hat nichts mit der Verwendung teurer, exotischer Gewürze zu tun. Gewürze haben auch heute noch ein Flair von unermesslichem Wert, von Geschichten, in denen Eselskarawanen mit Säcken voll edler Gewürze durch wilde Gegenden ziehen, von Gewürzhändlern, die ihre Ware mit Gold aufwiegen lassen, und davon, dorthin zu gehen, wo der Pfeffer wächst.

Natürlich sind Gewürze sehr wertvoll. Aber genauso natürlich wachsen sie in jedem Hausgarten und sogar im Balkonkisterl oder im Blumentopf. Die Vielfalt unserer Gewürzpflanzen bietet auch für die ausgefallensten kulinarischen Fantasien die rechte Prise Geschmack. Und wir brauchen sie nicht mit Gold aufzuwiegen – obwohl sie's wert wären –, sondern sie nur ihrem durchwegs bescheidenen Bedürfnis gemäß zu pflegen und zu gießen.

Wertvolle Gewürze in Hausgarten und Blumentopf

Wer einen Gemüsegarten hat, sollte ein Eckchen desselben für den Kräutergarten reservieren.

Die Gewürzkräuter machen nicht viel Arbeit, bringen aber einen immensen Nutzen: für die Küche, für die Gesundheit aller Bekochten – und für das Auge. Die meisten der Kräuter zeigen sich nämlich über den Großteil des Gartenjahres hinweg von einer sehr dekorativen Seite.

Frische Gewürzkräuter liefern wertvolle Vitamine und Mineralstoffe. Sie beleben die tägliche Mahlzeit und helfen vielen Speisen, einen besonderen Geschmackscharakter zu entwickeln. Sie fördern die Verdauung, beschleunigen die Magenentleerung und verkürzen damit die Verdauungszeit. Sie helfen, fette und schwere Speisen leichter zu verarbeiten. Und weil sie die Speichelproduktion anregen, sorgen sie dafür, dass wir die Speisen besser kauen.

Die tägliche Nahrung sollte Medizin sein, fordern die Naturheiler seit Hippokrates. Was könnte dieser Forderung besser entsprechen als die Gewürze und Gewürzkräuter aus dem eigenen Garten!

Kulturgeschichte der Gewürze

Der Weg der Kräuter in den Garten

Wir wissen nicht, wann der Mensch begann, sein Essen zu würzen. Es gibt Keramikfunde aus der Bronzezeit und darin Speisereste mit Spuren von Gewürzkräutern. Man kann aber annehmen, dass der Gebrauch von Gewürzen viel weiter in die graue Vorzeit zurückreicht. Bei Ausgrabungen der Pfahlbauten am Bodensee fand man Hinweise auf die Verwendung von Kümmel, Mohn und Petersilie. Wahrscheinlich entdeckte der Mensch zuerst den Nutzen der Kräuter als Heilpflanzen, dann bei einzelnen davon die geschmackliche Harmonie mit verschiedenen Speisen. Leider gibt es unter den vielen Hunderttausend Felszeichnungen Europas keine einzige, die auf ein Kochrezept schließen ließe. So sind wir eben auf Vermutungen und Spekulationen angewiesen.

Mit den Römern ändert sich dann das Bild. Sie würzten nicht nur, sondern schrieben ihre Kenntnisse über die Gewürze auch auf: Plinius der Ältere in seinem Werk „Historia naturalis" beispielsweise, aber vor allem Marcus Gavius Apicius. Ihm verdanken wir ein umfassendes Kochbuch aus der römischen Kaiserzeit. „De re coquinaria" nennt sich dieses einzigartige Werk, was so viel wie „Über das Kochen" heißt. Es bietet Einblicke in die kulinarischen Gepflogenheiten zur Zeit des Kaisers Tiberius und befasst sich klarerweise auch mit dem Gebrauch von Gewürzen. So wissen wir, dass schon vor zwei Jahrtausenden Bohnenkraut und Liebstöckel für den Lammbraten unentbehrlich waren, dass man Knoblauchzehen – mit Senfkörnern, Koriander und Dill als Würze – in Essig einlegte, oder dass es bei der Wildschwein-Jagd empfehlenswert war, Thymian und Salbei als nötige Gewürze gleich frisch aus der Natur mitzunehmen. Wir erfahren von Apicius auch, dass es schon damals üblich war, Gewürzkräuter im

Der Kräutergarten liefert Tee, Gewürze, Heilkräuter und ist auch noch von zauberhafter Schönheit.

Den Einzug der Gewürzkräuter in den bäuerlichen Küchengarten verdanken wir zum Großteil den Benediktinern.

Garten zu ziehen. Koriander etwa kennt Apicius nur als Gartenpflanze.

Nach den Römern wurde es südlich der Alpen genauso ruhig wie nördlich derselben – was die Literatur über Gewürze betrifft. Nicht, dass man sein Essen nicht gewürzt hätte. Man schrieb bloß nicht darüber. Über die Kunst des Würzens tauchen erst im 14. Jahrhundert die ersten Bücher auf. Mit gutem Grund übrigens: In der spätmittelalterlichen Küche des Adels und der reichen Bürger wurde gewürzt wie nie zuvor (und auch nie mehr danach ...). Das hatte mehrere Ursachen.

Einerseits kosteten Gewürze wie Pfeffer, Muskat und Nelken ein Vermögen. Damit verschwenderisch umzugehen, zeugte von Reichtum, mit dem man kulinarisch protzen konnte. Was heute Hummer, Kaviar und Champagner sind, waren damals die – exotischen – Gewürze.

Andrerseits gab es keine Tiefkühltruhen. Fleisch, Geflügel und vor allem Wildgeflügel dürften oft schon nach kurzer Zeit das entwickelt haben, was man dezent mit „Hautgoût" umschreiben und mit heftigem Würzen überdecken kann. Gewürze und Würzkräuter wirken jedenfalls konservierend und desinfizierend. Die Köche und Köchinnen der hochherrschaftlichen Küchen wussten darüber sicher Bescheid. Und wie jede Mode verlor auch die maßlos übertriebene Verwendung damals exotischer Gewürze an Reiz, sobald sich auch die breitere Bürgerschicht die Gewürze leisten konnte.

Neben den Gewürzexzessen der Oberschicht gab es aber immer die alltägliche Küche der einfachen Leute, der Handwerker und Bauern. Auch dort wurde gewürzt. Nicht übertrieben, sondern gesund und bekömmlich. Und nicht mit exotischen Gewürzen, sondern mit den mindestens ebenso würzigen Gewürzkräutern aus dem Küchengarten. Dass die Gewürzkräuter in die bäuerlichen Küchengärten kamen, verdanken wir zum größten Teil den Klöstern, vor allem den Benediktinern. Aber das verdient ein eigenes Kapitel.

Der Weg der Kräuter in den Garten

Die Landwirtschaft nördlich der Alpen war bis Ende des 7. Jahrhunderts vor allem auf Getreide-, Kraut-, Bohnen- und Linsenkulturen beschränkt. Gartenbau im heutigen Sinn war unbekannt, Frischgemüse holte man meist als Wildgemüse aus der freien Natur. Dort wuchsen auch die Heil- und Gewürzkräuter, manchmal mehr, manchmal weniger. Manchmal auch gar nicht. Man nahm, was es zu finden gab, und kam wohl nur in den seltensten Fällen auf den Gedanken, diese Kräuter in Hausnähe zu kultivieren.

Das änderte sich, als die Mönche des heiligen Benedikt über die Alpen zogen und begannen, in den entlegensten Gegenden ihre Klöster

Die Klostergärten stehen am Beginn des Kräuteranbaues in Mitteleuropa.

zu bauen. „Ora et labora", bete und arbeite, war ihr Motto. Und arbeiten – das bedeutete vor allem die Kultivierung des Landes. Ganz im Sinne ihres Ordensgründers Benedikt, der sich den Titel „Heiliger" allein schon wegen seiner Verdienste um den Gartenbau verdient hat.

Benedikt, um 480 in der kargen Landschaft um Nursia geboren, machte sich mit seinem Hang zur Hand- und speziell zur Gartenarbeit bei den Mönchen seiner Zeit reichlich unbeliebt. Bis dahin sahen sie ihren Lebenssinn ausschließlich im Gotteslob. Für den Lebensunterhalt der heiligmäßig lebenden Herren hatte das arbeitende Volk zu sorgen. Benedikt war sich sicher: „Müßiggang ist aller Laster Anfang!" – und drückte den Mönchen die Harke in die Hand. Jene seines Stammklosters wollten ihn deshalb vergiften, weshalb er auf den Montecassino zog und auf den Überresten eines Apollo-Tempels das erste Benediktinerkloster gründete.

Benedikt fand, dass sich das mönchische Leben innerhalb der Klostermauern abspielen und dort auch alles vorhanden sein sollte, was zum Leben benötigt wurde: Quelle oder Brunnen, Mühle und Bäckerei – und natürlich Gärten mit Obst, Gemüse und Kräutern. Die Gärten waren für Benedikt und seine Mitbrüder von überragender Bedeutung. Die Benediktiner lebten nämlich vegetarisch. Frisches aus dem eigenen Garten stand im Mittelpunkt der benediktinischen Menüs, und zwar zweimal täglich. Dazu noch Obst aus dem eigenen Obstgarten und – zumindest ein Viertel täglich – Wein aus dem eigenen Weinberg. Mit der Bewirtschaftung dieser Kulturen erfüllten die Mönche auch jene Forderung Benedikts, die da hieß: sieben Stunden Arbeit täglich.

Da sich die Benediktiner vegetarisch ernährten, waren für sie Gärten von überragender Bedeutung.

Die Gemüsegärten der Benediktiner lieferten die tägliche Nahrung. Herzstück war aber der Kräutergarten mit seinen Heilkräutern für die Kranken und den Gewürzkräutern für die – ungewürzt – sicher etwas eintönige Getreide- und Gemüsekost.

Die Karolinger fanden etwa 300 Jahre später Gefallen an den Regeln Benedikts. Im Jahr 742 wurde auf dem Konzil der fränkischen Kirche die benediktinische Regel zur alleingültigen erklärt und auf den Reichskonzilien 802, 816 und 817 durchgesetzt. Der Kaiser, der damals das große Sagen hatte, war nämlich auch ein großer Gartenliebhaber: Karl der Große. Auf sein Geheiß hin und mit dem benediktinischen Schatz an Erfahrung und Wissen schrieb im Jahr 795 ein Benediktinermönch die erste Gartenbauverordnung der europäischen Geschichte: die „Capitulare de villis". In dieser Handschrift sind insgesamt 73 Heil- und Gewürzkräuter, Gemüsesorten und Stauden aufgeführt, dazu noch 16 Obst- und Nussbaumarten.

Karl der Große initiierte die erste Gartenbauverordnung Europas.

Neben Karls Kaiserpfalz in Aachen gab es riesige Gartenanlagen. Dort wurden nicht nur die einheimischen Gewächse vermehrt und an die Klöster zwischen Südfrankreich und Rheinland weitergegeben. Durch die ausgedehnten Handelsbeziehungen kamen auch viele bis dahin unbekannte Kräuter in die Gärten des Kaisers. In Aachen und in den Klostergärten wurden sie angepflanzt und vorsichtig akklimatisiert.

Die Städte waren zur Zeit Karls des Großen von keiner besonderen Bedeutung. Die kulturellen Zentren seines Reiches waren die Klöster. Ab der Mitte des 7. Jahrhunderts nahmen sie an Zahl und Bedeutung immer mehr zu – und natürlich auch an Macht. Deshalb war Karl bestrebt, sie eng an sein Reich zu binden. Er verpflichtete die Klöster zur Errichtung von Schulen und dazu, eine vorzügliche theologische und naturwissenschaftliche Ausbildung zu garantieren. Außerdem mussten die Klöster die vom Kaiser gewährten Privilegien mit Missionsarbeit honorieren. Das hieß im Sinne Karls nicht nur, dem Volk Beten und Gottesfurcht beizubringen. Die Mönche lehrten ihm auch das Gärtnern, machten die Leute mit bis dahin unbekannten Gemüsesorten, Obstbau und Anbau sowie der Verwendung von Heil- und Gewürzkräutern vertraut. Aus dem Kloster Ranshofen bei Braunau ist beispielsweise überliefert, zu welchen Zeiten der „Bruder Gärtner" durch das Land zog, um die Bauern im Gemüse- und Kräuteranbau zu unterrichten.

Die Mönche machten das Volk mit der Anwendung von Heil- und Gewürzkräutern vertraut.

Um keinen Irrtum aufkommen zu lassen: Heil- und Gewürzkräuter waren den Menschen durchaus vertraut. Aber sie wurden wildwachsend von Kräuterkundigen gesammelt. Jetzt, mit Hilfe der Mönche und Karls „Capitulare de villis", ging man daran, sie zu kultivieren, sie gezielt anzubauen. Manche dieser Kräuter kommen in der Natur recht selten vor. Durch die Kultivierung wurden sie leichter und in entsprechenden Mengen verfügbar.

Ein Bild vom karolingischen Kräutergarten kann man sich anhand der Pflanzenliste des „Capitulare" machen. Darin findet man an Heil- und Gewürzkräutern: Bockshornklee, Frauenminze, Salbei, Raute, Eberraute, Kreuzkümmel, Rosmarin, Kümmel, Meerzwiebel, Anis, Schwarzkümmel, Rauke, Kresse, Poleiminze, Petersilie, Sellerie, Liebstöckel, Dill, Fenchel, Senf, Bohnenkraut, Krauseminze, Bachminze, Mohn, Eibisch, Zwiebeln, Schnittlauch, Knoblauch, Porree, Gartenmelde, Pastinak, Mutterkraut, Rainfarn, Katzenminze, Pestwurz, Schwertlilie, Kapuzinerkresse, Springkraut, Hauswurz, Koriander, Kerbel und Muskatellersalbei. Eine Liste, die auch einem heutigen Kräutergarten Ehre machen würde.

In der Pflanzenliste des „Capitulare" finden sich die wichtigsten Heil- und Gewürzkräuter

Windschutz und Mikroklima

Variationen zur Form des Kräuterbeetes

Gewürzkräuter in Mischkultur mit Gemüse

Gute Planung ist der halbe Kräutergarten

Aus einem Dokument des 9. Jahrhunderts, dem St. Gallener Klosterplan, wissen wir recht genau, wie die Klostergärten angelegt wurden – und werden. Denn die Funktionalität dieser Anlagen ist so zeitlos aktuell wie die in ihr gezogenen Kräuter.

Der St. Gallener Klosterplan unterscheidet zwischen dem „Hortus" als Gemüsegarten und dem „Herbularius", dem Heil- und Gewürzkräutergarten. Weil die Unterscheidung nicht unbedingt unseren heutigen Gepflogenheiten entspricht – Dill, Koriander, Petersilie, Kerbel, Mohn und Schwarzkümmel sind als Gemüse vermerkt, die Stangenbohne dagegen unter den Kräutern –, seien beide Gärten mit ihren vollständigen Pflanzenlisten vorgestellt. In Klammer ist jeweils die im Original aus dem 9. Jahrhundert verwendete Bezeichnung angeführt.

Die Pflanzen des „Hortus"

Zwiebel (*cepas*) • Lauch (*porros*) • Sellerie (*apium*) • Koriander (*coriandrum*) • Dill (*anetum*) • Mohn (*papaver*) • Rettich (*radices*) • Möhren (*magones*) • Mangold (*betas*) • Knoblauch (*alias*) • Perlzwiebeln (*ascolonias*) • Petersilie (*petrosilium*) • Kerbel (*cerefolium*) • Salat (lactuca) • Pfefferkraut (*sataregia*) • Pastinak (*pastinachus*) • Kohl (*caulas*) • Schwarzkümmel (*gitto*)

Die Pflanzen des „Herbularius"

Weiße Lilie (*lilium*) • Gartenrose (*rosa*) • Stangenbohne (*fasiolo*) • Pfefferkraut (*sataregia*) • Frauenminze (*costo*) • Raute (*ruta*) • Bockshornklee (*fena graeca*) • Rosmarin (*rosmarino*) • Pfefferminze (*menta*) • Salbei (salvia) • Schwertlilie (*gladiola*) • Poleiminze (*pulegium*) • Krauseminze (*sisimbria*) • Fenchel (*feniculum*) • Kreuzkümmel (*cumino*) • Liebstöckel (*lubestico*)

Beide Anlagen weisen eine wohlüberlegte Anordnung und Gestaltung der Beete auf. Letztere sind etwas erhöht und sauber mit Brettern eingefasst. Dass sich diese einfache Gartenanlage in über tausend Jahren kaum verändert hat und auch heute noch in einem Großteil der Hausgärten zu finden ist, hat einen einfachen Grund: die Pflegeleichtigkeit.

Ein wichtiger Umstand war bzw. ist bei den Klostergärten von der Architektur her vorhanden: die Klostermauer. Sie sorgt für ein ideales Kleinklima im Garten und schützt ihn vor rauen Lüftchen aus Norden oder Westen. Ausgerichtet sind die Klostergärten nach Süden oder Südosten. So bekommen sie ein Maximum an Sonnenschein. Gemüse- und Kräutergärten gedeihen mit dieser Ausrichtung am besten.

Das Kleinklima im Garten ist wichtig für das Gedeihen der Kräuter.

Ideal für den Kräutergarten ist natürlich eine Südost- oder Südhanglage. An Hängen mit dieser Orientierung ist es immer wärmer als auf einer ebenen Fläche. Die Gradunterschiede zwischen dem senkrechten und dem spitzen Einfallswinkel der Sonnenstrahlen wirken sich in den Temperaturgraden auf dem Gartenboden aus: Je steiler der Hang, umso größer der Einfallswinkel und die Intensität der Sonneneinstrahlung.

Diese Idealbedingungen konnten bei der Planung eines Klosterbaues berücksichtigt werden. Es war genug freie Landschaft vorhanden. Bei unseren heutigen Hausgärten müssen wir nehmen, was da ist – und das Beste daraus machen.

Windschutz und Mikroklima

Gewürzkräuter sind bei aller sonstigen Bescheidenheit auf viel Sonne angewiesen. Diesen Umstand muss man schon bei der Wahl des Plätzchens für die Kräuterbeete berücksichtigen. Abgesehen davon, dass die Beete Richtung Süden oder Südosten offen sein sollten, brauchen die Kräuter Schutz vor dem Wind. Er setzt die Temperatur von Luft und Boden herab, und je stärker er bläst, umso mehr Wasser muss die Pflanze abgeben.

Noch besser als die Klostermauern – die den Wind meist nicht brechen, sondern nur ableiten und damit Turbulenzen erzeugen – sind gemischte Hecken.

Sonne und Windschutz – da geht es den Kräutern gut!

> Eine Hecke fängt den Wind nicht ab, sondern dämpft ihn bloß. Das aber sehr wirkungsvoll: Hinter einer drei Meter hohen Hecke ist es auch bei einem kräftigen Lüftchen praktisch windstill, und noch bis zu 45 Metern Entfernung ist die Windgeschwindigkeit reduziert.

Ideal ist es natürlich, wenn die Kräuterbeete direkt an der Süd- oder Südostwand des Hauses angelegt werden können. Die Hauswand strahlt die Sonnenwärme zurück, schützt einigermaßen vor dem Wind und außerdem hat man nicht weit zu gehen, wenn man frische Kräuter in der Küche benötigt. Auch der Wasseranschluss ist nicht weit entfernt, sodass man beim Herantragen der Gießkanne keinen krummen Rücken bekommt.

Die Einfassung der Beete mittels Brettern, wie sie seit gut tausend Jahren üblich ist, hat neben den praktischen Seiten hinsichtlich der Pflegeleichtigkeit noch einen zusätzlichen Effekt: Sie verbessert das Mikroklima direkt auf den Beeten. Wie Hausmauer, Hecke oder Klostermauer im Großen, bremsen die niedrigen Bretterwände den Wind im Kleinen. Eine Variante – abgeschaut aus klösterlichen Kräutergärten – ist die Einfassung der Beete mit einer Buchsbaumhecke. Sie ist zwar recht niedrig, weshalb sie kaum bei der Arbeit stört, aber doch das Mikroklima auf dem eingefassten Beet verbessert. Und wer große Steine für die Einfassung der Beete verwenden kann, bekommt damit einen „Klimapuffer". Die Steine speichern die Sonnenwärme des Tages und geben sie während der kühlen Nacht langsam an den Boden der Beete ab.

Variationen zur Form des Kräuterbeetes

Kräuter sind nicht nur nützlich, sie sind auch schön!

Das mit Brettern eingefasste, annähernd ebene Kräuterbeet ist klassisch in der Anlage und funktionell hinsichtlich der Pflege. Aber es ist bei Weitem nicht die einzig mögliche Form, Kräuterbeete anzulegen.

Gewürzkräuter sind nicht nur immens nützlich – sie sind über einen Großteil des Gartenjahres hinweg auch sehr schön. Naheliegend, dass man die Beete so anordnet, dass auch diese Schönheit zu bestmöglicher Wirkung kommt.

Eine Möglichkeit ist, die Kräuterbeete nicht einfach aneinanderzureihen, sondern nach einem bestimmten Muster anzulegen. In den Klostergärten findet man oft die Kreuzform. Im Mittelpunkt des Kreuzes befindet sich meist ein Wasserbecken oder die Tonne mit Regenwasser. Das hat den Vorteil, dass die Wege zum Gießen kurz sind, und gibt symbolisch dem Wasser, der Ursubstanz des Lebens, seinen Platz im Mittelpunkt des Grünens und Gedeihens. Und wer diesen Mittelpunkt der Kräuterbeete groß genug plant, um dort auch einen Gartenstuhl oder eine kleine Bank aufzustellen, hat damit ein Plätzchen geschaffen, an dem es sich so richtig mit der Seele baumeln lässt. Die Bank inmitten der duftenden Kräuter, umflattert von Schmetterlingen und summenden Bienen – das ist eine der vielen kleinen Freuden des Kräutergartens.

Kräuterbeete müssen nicht groß sein. Trotzdem kann sich bei der Anlage ebener Beete durch die Vielzahl der Kräuter ein Platzproblem ergeben. Dem kann man durch zwei – auch sehr ästhetische – Formen der Anlage eines Kräutergartens im kleineren Maßstab abhelfen: mit dem Kräuterhügel oder mit der Kräuterspirale.

Die Kräuterspirale

bietet Platz für eine Vielzahl von Gewürzkräutern auf engem Raum. Sie lässt die Möglichkeit zu, den jeweiligen Kräutern genau jene Bodenverhältnisse anzubieten, die sie bevorzugen – von fett bis mager, von sumpfig-feucht bis sandig-trocken. Der Standort sollte der sonnigste und wärmste Platz im Garten sein. Alle anderen Bedingungen für ein prächtiges Gedeihen der Kräuter ergeben sich dann beim Bau der Spirale fast von selbst.

Auf einer annähernd kreisrunden Fläche von etwa drei Metern Durchmesser wird eine flache Grube ausgehoben und mit einer dicken Schicht Schotter gefüllt. Diese Schicht dient der Drainage und verhindert so die bei allen Kräutern äußerst unbeliebte Staunässe.

Auf der Kiesschicht markiert man sodann mit möglichst großen Steinen die Spirale. Im Mittelpunkt häuft man einige große Steine an: Sie dienen als Wärmespeicher. Die Spirale beginnt außen und windet sich schneckenförmig in etwa anderthalb Umdrehungen zum Mittelpunkt.

Die Kräuterspirale bietet auf einem Minimum an Fläche ein Maximum an Kräutervielfalt.

Entlang der Steinmarkierungen wird mit Feld- oder Natursteinen die Spiralenform zu einer ansteigenden Trockenmauer ausgebaut und die Spirale mit verschiedenen Erdmischungen aufgefüllt. Man beginnt außen mit lehmiger Gartenerde und Kompost in Halbe-halbe-Mischung, dann folgt Erde mit etwa einem Drittelanteil Kompost, schließlich eine Mischung aus je einem Drittel Sand, Erde und Kompost. Die Spirale sollte in der Mitte etwa einen halben Meter hoch sein. Wer es besonders ästhetisch mag, kann am äußeren Ende auch einen kleinen Teich – mit höchstens einem Meter Durchmesser – anlegen. So geht der Teil mit der lehmigen Erde direkt in das Kleinbiotop über. Außerdem beeinflusst die Wasserverdunstung des Teiches das Kleinklima der Kräuterspirale sehr positiv. Wer bei der Anlage der Spirale sehr geschickt vorgeht, kann das vom Boden nicht aufgenommene Regenwasser in den Teich lenken. Für den Bau des Teiches kann man die üblichen Teichfolien verwenden. Es reicht aber auch, ein abgeschnittenes altes Fass oder eine auf entsprechende Höhe gekürzte Tonne einzugraben und im Inneren durch einige Steine zu „beleben". Den Rest erledigt dann die Natur von selbst.

Bei der Bepflanzung sollte man neben den Bodenansprüchen – die natürlich zuerst bedacht werden müssen – auch darauf achten, höher wachsende Kräuter eher zum Mittelpunkt hin anzupflanzen. Das erleichtert die Pflege und sorgt dafür, dass nicht nur die großwüchsigen Pflanzen genug Sonne bekommen, sondern auch die kleinen.

Bepflanzungsbeispiel

Ganz am Anfang, beim Teich, hat die Brunnenkresse ihren Platz. Sie mag es nass. Dann folgen Minze und Sauerampfer, Knoblauch und Borretsch, Petersilie, Kerbel, Schnittlauch, Beifuß, Wermut, Liebstöckel, Rosmarin, Dill, Estragon, Salbei, Bohnenkraut, Ysop und schließlich Fenchel, Koriander und Kümmel.

Natürlich kann man alle anderen Gewürzkräuter genauso in die Spirale pflanzen. Man muss bloß deren Bedürfnisse beachten.

Neben ihrer platzsparenden und ästhetischen Funktion bietet die Kräuterspirale auch den Vorteil einer mühelosen Ernte. Der Durchmesser ist gerade so groß, dass man mit gestreckten Armen auch noch die Kräuter im erhöhten Mittelpunkt erreichen kann. Und wer diesen Platz etwas größer gestalten will, muss eben für Trittsteine innerhalb der Spirale sorgen.

Die Kräuterspirale

Der Boden der Kräuterspirale wird von außen nach innen zunehmend sandiger und trockener:
1 Reicher Bereich (Erde mit Kompost)
2 Mittlerer Bereich (sandige Erde)
3 Magerer Bereich (Sand mit Erde)

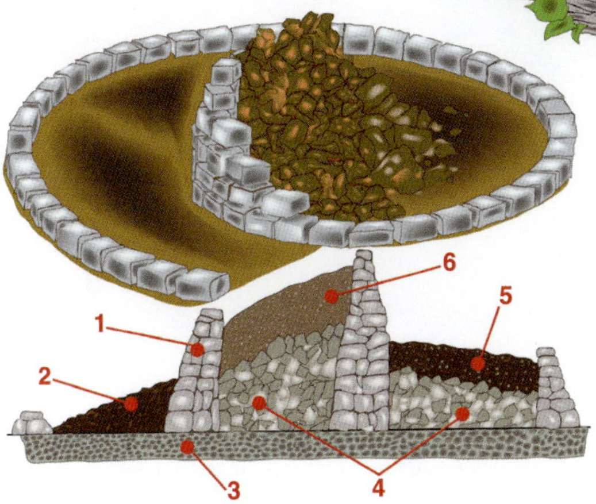

Aufbau der Kräuterspirale
1 Trockenmauer
2 Erde mit Kompost
3 Grober Schotter
4 Große Steine
5 Sandige Erde
6 Sand mit Erde

Der Kräuterhügel

hat einen unübersehbaren Vorteil: Er trägt die Nahrungsreserven für die Kräuter bereits in seinem Inneren. Man baut ihn nämlich aus mehreren Schichten auf. Das Innerste des Kräuterhügels besteht aus Reisig, das auch einige gröbere Äste enthalten darf, Heckenschnitt und holzigen Gartenabfällen. Diese Reisigschicht wird mit umgedrehten Rasenziegeln bedeckt. Darüber kommt eine Schicht aus groben Pflanzenabfällen und halbreifem Kompost. Schließlich bedeckt man den Hügel mit einer dicken Schicht feiner Gartenerde, der man auch etwas gut ausgereiften Kompost beimengen kann.

Hügelbeete eignen sich besonders für Mischkulturen.

Das Hügelbeet ist besonders für Mischkulturen geeignet. Für die Form seiner Anlage bietet sich jede zwischen kreisrund und langgestrecktem Oval an. Als Sonderform des Kräuterhügels kann man das Bankbeet betrachten. Dabei fallen die Seiten nicht allmählich bis zum Bodenniveau ab, sondern sind mit einer Wand aus Rundholz, Balken oder auch Natursteinen eingefasst. Ein „großes Kräuterkisterl" sozusagen, beispielsweise mit einer Breite von etwa 150 Zentimetern und vier Metern Länge. Die Größe, vor allem die Länge, ist von den individuellen Bedürfnissen und der Menge der gepflanzten Kräuterarten abhängig.

Der Kräuterhügel

Das Hügelbeet trägt die Nahrung für seine Pflanzen bereits in sich!

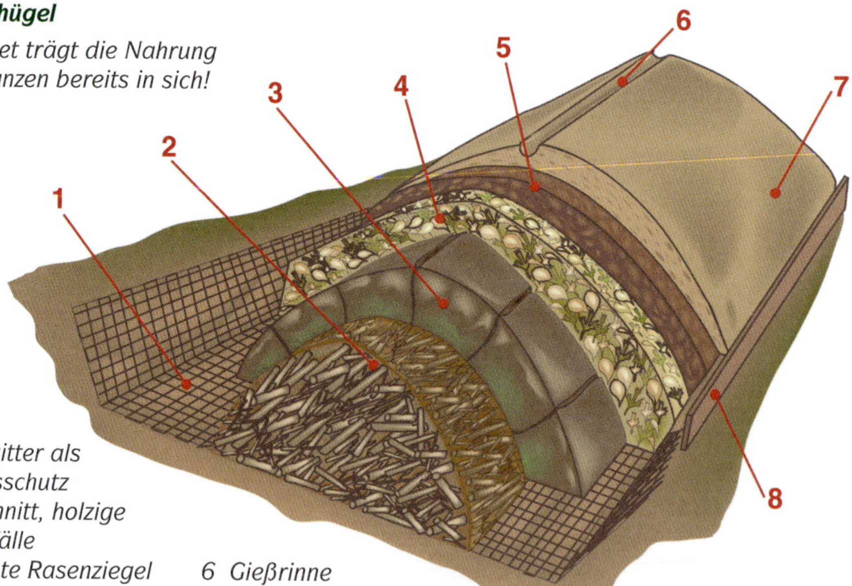

1 Maschengitter als Wühlmausschutz
2 Heckenschnitt, holzige Gartenabfälle
3 Umgedrehte Rasenziegel vom Aushub der Grube
4 Krautige Gartenabfälle
5 Reifer Kompost
6 Gießrinne
7 Feine Gartenerde
8 Brett, hinter dem sich abgeschwemmte Erde sammelt

Gewürzkräuter in Mischkultur mit Gemüse

Die Mischkultur von Gewürzkräutern und verschiedenster Gemüsesorten hat nicht nur den Vorteil, dass man keine gesonderten Kräuterbeete anlegen muss. Viele Gemüsesorten vertragen sich mit Gewürzkräutern bestens. Die Mischkultur hat darüber hinaus den Vorteil des natürlichen Pflanzenschutzes. Tomatenpflanzen zwischen Thymianreihen sind vor Nacktschnecken garantiert sicher: Vor Thymian nehmen die orangeroten Schleimer fluchtartig Reißaus!

Die Mischkultur ist jene Kulturform, die der Natur am nächsten kommt. Nirgends in der Natur gibt es Monokulturen. Auch nicht in so kleinem Ausmaß, wie es der Monokultur in einem Gartenbeet entspricht. Klar, dass es die Gartenarbeit nahezu unmöglich machen würde, wie auf der Wiese alles wild durcheinander zu pflanzen. Aber man kann es in abwechselnden Reihen tun und erreicht damit einen ähnlichen Effekt. In der Monokultur läuft der Kartoffelkäfer gemütlich von Kartoffelstaude zu Kartoffelstaude und schlägt sich den Magen voll. In der Reihenmischkultur ist jede Reihe Kartoffelstauden beispielsweise durch eine Reihe Kapuzinerkresse oder Kren (Meerrettich) getrennt: ein Gräuel für den Kartoffelkäfer und der sicherste Schutz für die Blätter der Kartoffelstauden. Und Basilikum verträgt sich nicht nur auf dem Teller gut mit Mozzarella und Tomaten, es hält als duftendes Kraut im Beet auch die Zwiebelfliegen von den Zwiebeln fern.

Man kann verschiedene Gemüsesorten in Reihen pflanzen, aber auch zwischen Gemüse und Kräutern abwechseln. Weil es uns in diesem Buch vor allem um die Gewürzkräuter geht, gibt es im Folgenden eine Auflistung der „guten Nachbarschaft".

Kräuter und Gemüse – eine perfekte Lebensqualität im Beet!

Gewürzkraut	verträgt sich besonders gut mit
Basilikum	Gurken, Kohlrabi, Schwarzwurzeln, Zwiebeln
Bohnenkraut	Bohnen, Roten Rüben, Zwiebeln
Borretsch	Erdbeeren, Salat
Dill	Gurken, Karotten, Erbsen, Kohl, Salat, Roten Rüben, Zwiebeln
Kapuzinerkresse	Rettich, Kartoffeln, Tomaten
Kerbel	Tomaten, allen Arten Salat
Knoblauch	Erdbeeren, Tomaten, Karotten, Gurken

Gewürzkraut	verträgt sich besonders gut mit
Koriander	Gurken, Kohl, Karotten
Kren (Meerrettich)	Kartoffeln
Kresse	Radieschen (wirkt sogar auf deren Geschmack: Kresse in der Nachbarschaft macht sie feiner und würziger!)
Kümmel	Kohl, Gurken, Kartoffeln, Roten Rüben
Majoran	Karotten, Roten Rüben
Petersilie	Tomaten, Spargel
Pfefferminze	Kohl, Kartoffeln, allen Arten Salat
Rosmarin	Karotten, Roten Rüben
Salbei	Knollenfenchel, Salat
Schnittlauch	Schwarzwurzeln, Roten Rüben, allen Arten Salat
Senf	allgemein günstig, außer wenn die Beete durch die Kohlhernie gefährdet sind
Thymian	Tomaten, Kartoffeln, allen Arten Salat (Thymian wirkt generell gegen Nacktschnecken, Raupen und Blattläuse!)
Ysop	allgemein günstig: wehrt Raupen ab!
Zwiebel	Spargel, Gurken, Erbsen, Bohnen, Karotten, allen Arten Salat

Weil wir eine Menge an Wissen über den Kräutergarten den Gärtner-Brüdern aus den Klöstern verdanken, sei an dieser Stelle verraten:

> Auch die Mischkultur ist eine Sache, die ihren Weg aus den Klostergärten in die Haus- und Bauerngärten genommen hat.

Eines der Geheimnisse von Klostergärten: Kräuter schützen Gemüsepflanzen.

So schreibt Albertus Magnus schon im 13. Jahrhundert, dass man Salat und Gartenkresse gemeinsam aussäen sollte, weil sie sich gegenseitig im Wachstum fördern. Und wörtlich: „Damit die Kohlgewächse keine schädlichen Tiere hervorbringen, muss man Minze zwischen die Kohlköpfe pflanzen.“ Die wildwuchernde Minze zwischen den Kohlköpfen – da dürfte mancher Gärtner den Kopf schütteln. Aber die Wirkung ist klar und zuverlässig: Das ätherische Öl der Pfefferminze entwickelt einen starken Duft, der auf den Kohlweißling irritierend und abschreckend wirkt. Er flattert weiter zu anderen Pflanzen, um dort seine Eier abzulegen, und der Kohl hat seine Ruh. Genauso findet die Spargelfliege den Zwiebelgeruch zum Davonfliegen und der Thymianduft verdirbt den Blattläusen gehörig den Appetit.

Übrigens:

Blattläuse benötigen nur die Aminosäuren aus den Pflanzensäften und so bleibt bei ihrer Verdauung viel Wasser und Zucker übrig, der Honigtau.
Da Ameisen eine Vorliebe für diesen Honigtau entwickelt haben, bilden sie mit den Blattläusen eine Symbiose. Im Gegenzug verteidigen die Ameisen die Blattläuse vor deren Fressfeinden.

Thymian schützt Tomatenpflanzen vor dem Appetit der Nacktschnecken!

Düngen

Natürlicher Pflanzenschutz

Aussaat, Pflanzung, Pflege

Um zu den Jungpflanzen zu kommen, die im Kräutergarten – oder auch in der Topfkultur, davon wird noch die Rede sein! – gedeihen sollen, gibt es zwei Möglichkeiten: die Anzucht aus den Samen oder den Kauf von Jungpflanzen. Was man wählt, wird einerseits von den zeitlichen Möglichkeiten und den gärtnerischen Erfahrungen, andrerseits von den räumlichen Gegebenheiten abhängen.

Manche Kräuter lassen sich ganz einfach und ohne viel Zutun aus den Samen ziehen. Man kann sie in Saatschalen, einfachen Kistchen aus Brettern, Obststeigen oder ähnlichen flachen Behältern vorkultivieren. Der Behälter wird mit sandiger, humusreicher Erde gefüllt, glatt angedrückt, gewässert und dünn besät. Dann siebt man feinen Sand oder Substrat darüber und drückt das Ganze nochmals fest. Abschließend wird der Behälter mit Folie abgedeckt, damit für den Keimprozess eine gleichmäßige Feuchtigkeit gewährleistet ist. Sobald sich die ersten Pflänzchen zeigen, nimmt man die Folie weg, und wenn die ersten Blättchen hervorsprießen, ist es Zeit, die Sämlinge zu pikieren.

Die Jungpflanzen kann man später in Blumentöpfe setzen und von dort in das Kräuterbeet oder direkt vom Saatbehälter in das Beet. Allerdings darf man eines keinesfalls vergessen: Die zarten Pflänzchen müssen „abgehärtet" werden, bevor man sie in das Leben im Beet entlässt. Das heißt, sie müssen sich an das Klima gewöhnen, und dazu stellt man sie im Behälter tagsüber an eine schattige Stelle im Garten. Der Sonne dürfen sie keinesfalls ausgesetzt werden!

Manche Kräuter können direkt in das Beet gesät werden. Das kann geschehen, sobald der Boden genügend abgetrocknet ist und keine Frostperioden mehr zu befürchten sind. Die Saat sollte aber trotzdem mit Flachfolien oder einem Folientunnel geschützt werden.

Die Samen werden üblicherweise doppelt so tief in den Boden gesteckt, wie sie dick sind. Besser noch ist es, sie einfach über das Beet zu verteilen und mit feinem Sand abzudecken. Ja und weil Frühsaaten eine gute Adresse für Nacktschnecken sind: Ein Schneckenzaun um das Saatbeet bewahrt Ihre aufgehenden Sämlinge davor, sofort von den Schleimfüßlingen abgefressen zu werden.

Bei der Aussaat direkt ins Beet und dem Setzen von Jungpflanzen muss der jeweilige Pflanzabstand beachtet werden. Es liegt in der Natur der Pflanze zu wachsen und das tut sie oft kräftiger, als man dem kleinen Pflänzchen zutrauen möchte: in die Höhe wie in die Breite. Die Minze beispielsweise ist geradezu berüchtigt für ihr Wachstumspotenzial. Was jedoch für Liebhaber von gartenfrischem Pfefferminztee kein Nachteil ist.

Ist nach dem Ernten ein Rückschnitt der Pflanzen nötig, ist der beste Zeitpunkt dafür im späten Herbst. Jene Arten, die als winterharte in der kalten Jahreszeit im Garten bleiben, bekommen dann eine Winterdecke aus Reisig, Laub und etwas Komposterde.

Sollte in keinem Kräutergarten fehlen: der Gartensessel inmitten der duftenden Gewächse! Übrigens – die Minze auf obigem Foto macht dem Ruf ihrer Art alle Ehre: Sie wächst wie wild und vermehrt sich hemmungslos!

Wie alle Pflanzen brauchen die Gewürzkräuter Wasser. Ideal ist etwas abgestandenes Regenwasser – eine Tonne unter dem Ablaufrohr der Regenrinne füllt sich bei jedem Regen quasi von selbst wieder auf – und die gute alte Gießkanne.

Mit dem Schlauch einen Schwall kalten Wassers aus der Leitung, so richtig über „Kopf und Kragen“: Das mögen die meist recht zart gebauten Gewürzkräuter gar nicht!

Das Regenwasser ist besonders in der Nähe von Ballungszentren mit ihren Abgaswolken oft „sauer“. Man kann das saure Regenwasser für die Pflanzen bekömmlicher machen, indem man den Boden der Tonne mit Kalksteinen bedeckt oder das Wasser vor der Entnahme durch ein Gefäß mit Kalksteingrieß leitet.

Kalksteine auf dem Boden der Regenwassertonne macht das Gießwasser für die Pflanzen bekömmlicher.

Düngen

sollte man im Kräutergarten sparsam. All das, was Kräuter so wertvoll macht – ihre ätherischen Öle und Bitterstoffe, die Alkaloide und die Gerbstoffe, Vitamine und Mineralstoffe – bildet sich besonders intensiv in einem mageren Boden. Guter reifer Kompost, im Herbst in einer etwa zentimeterdicken Schicht aufgetragen, ist eine ausreichende Düngung für die meisten Kräuter. Nur starkwüchsige Kräuter wie Petersilie und Schnittlauch vertragen Anfang Juli noch einen Guss mit Brennnesseljauche.

Die Brennnesseljauche lässt sich ganz einfach herstellen: Man gibt rund 200 Gramm junge frische Brennnesselblätter in ein entsprechend großes Gefäß und füllt mit zehn Litern Regenwasser auf. Das Jauchegefäß wird locker, beispielsweise mit einem Brett, abgedeckt. Die Jauche muss ausreichend Luft bekommen. Einmal täglich wird sie mit einem Holzstück umgerührt. Dadurch bekommt sie Sauerstoff, was die Verrottung fördert. Falls die Jauche nach einigen Tagen sehr heftig zu riechen beginnt und man den Geruch nicht mag, kann man ihn durch Beigabe einer Handvoll reifen Komposts oder Steinmehls dämpfen. Die Brennnesseljauche ist fertig, sobald sich kein Schaum mehr bildet. Je nach Temperatur kann das zwischen zehn Tagen und vier Wochen dauern.

Brennnesseljauche ist ein wertvoller Dünger.

Zum Gebrauch wird die Brennnesseljauche mit zehn Teilen Wasser verdünnt. Aus dem Ansatz von zehn Litern erhält man also 110 Liter gebrauchsfertigen „Flüssigdünger“. Gegossen wird mit der Gießkanne, und zwar immer nur auf den Boden rund um die Kräuter, nicht auf die Kräuter selbst.

Natürlicher Pflanzenschutz

ist die einzige Form des Pflanzenschutzes, die für den Kräutergarten in Frage kommt. Nicht nur, weil wir die wertvollen Inhaltsstoffe der Kräuter nicht mit einem Chemiecocktail „anreichern“ wollen. Auch deshalb, weil der natürliche Pflanzenschutz immer noch der wirkungsvollste ist. Der gesündeste für Mensch, Tier, Pflanze und Umwelt ist er sowieso.

Eine überlegte Mischkultur entspricht weitgehend dem Ideal einer natürlichen Pflanzengesellschaft.

Kräuter sind keine so hochkultivierten Pflanzen, dass sie immer und auf jeden Fall auf Schutzmaßnahmen angewiesen sind. Die meisten haben sich noch den Wildcharakter bewahrt und sind widerstandsfähig genug, um sich gegen Krankheiten zu behaupten. Hilfreich ist eine überlegte Mischkultur, in der die einzelnen Pflanzenarten einander nicht konkurrenzieren, sondern fördern und unterstützen. Das entspricht weitgehend dem Ideal in einer natürlichen Pflanzengesellschaft.

Hinsichtlich der Schädlinge, von welchen unsere Kräuter manchmal heimgesucht werden, ist die Förderung von deren natürlichen Fressfeinden der beste Pflanzenschutz. Wir sprechen von „Nützlingen“ – obwohl die Unterteilung in Schädlinge und Nützlinge sehr subjektiv von unserem

Standpunkt aus erfolgt. Ein Schädling ist, grob gesagt, wer Appetit auf den Salat zeigt, den ich angepflanzt habe und auf dem Teller haben will.

Viele natürliche Fressfeinde weitverbreiteter Schädlinge im Garten werden auch heute noch in ihrer Nützlichkeit unterschätzt. Die Ameisen beispielsweise: Sie sind die Müllabfuhr des Gartens, fressen Pflanzenreste, Larven und sogar Kadaver von Vögeln und Kleintieren. Solange sie sich nicht im Übermaß vermehren, sind sie wertvolle Helfer im Garten.

Brennnessel: Nicht nur für Entschlackungstee, sondern auch für den Dünger!

Werden sie zu zahlreich, kann man sie auf einfache Weise ausbürgern: Man sucht ihren Nesteingang und stülpt einen Blumentopf mit verklebtem Bodenloch darüber. Die Ameisen bauen sofort ihr Nest in dieser neuen warmen Höhle und tragen die gesamte Brut hinein. Schon am nächsten Tag kann man Blumentopf samt Ameisenbrut aus dem Garten tragen und an einem Ort – nahe gelegener Wald, Wiese – abstellen, wo die Ameisen nicht stören.

Wanzen sind nicht generell die Schädlinge, als die sie die meisten Gärtner sehen. Blattwanzen fressen die Blattläuse und deren Eier und die rötlichen Blumenwanzen ernähren sich von Spinnmilben und Blattläusen. Richtig verrückt nach Blattläusen ist auch die Florfliege. Das gilt besonders für deren Larven, die man deshalb sogar „Blattlauslöwen“ nennt. Eine Bezeichnung, die sich auch Marienkäfer und ihre Larven verdienen: Sie fressen Blattläuse und dazu noch Blattflöhe und alle Arten von Milben. Bis zu zehn solcher Insekten verschlingt eine Marienkäferlarve pro Tag! Dafür verdienen sie, dass man in einem Eckchen des Gartens einige Quadratmeter einer wild wuchernden Brennnessellandschaft überlässt. Die brauchen die Marienkäfer nämlich als Lebensraum.

In vielen verschiedenen Arten zeigt sich der Goldlaufkäfer in einem biologisch bearbeiteten Garten. Allen gemeinsam ist ein ungezügelter Appetit auf Raupen, Insekten und auf Schneckeneier. Meist sind sie nachts auf Schlemmertour. Tagsüber verstecken sie sich im Komposthaufen, unter einer Mulchdecke oder in feucht-warmen Höhlungen unter Steinen.

Und weil schon die Schnecken angesprochen wurden: Sie haben eine Reihe von natürlichen Fressfeinden. Lässt man deren Vermehrung in einem vernünftigen Maß zu, braucht man sich wegen der Vermehrung der Nacktschnecken nicht den Kopf zu zerbrechen. Die fleißigsten Schneckenfresser sind alle Arten von Fröschen und Kröten. Sagenhaft, was die Familie Froschlurch an Schnecken, Schneckeneiern und den verschiedensten Larven und Insekten vertilgen kann. Allerdings haben diese Nachtschlemmer einen hohen Bedarf an Feuchtigkeit: Sie leben zwar an Land, ihr Laich entwickelt sich aber im Wasser. Ein kleiner Gartenteich, Laubhaufen und Unterschlupfmöglichkeiten wie ein Häufchen langsam dahinmoderndes Holz – das brauchen sie, um im Garten heimisch zu werden.

Hinter den Schnecken sind auch die Igel her, dazu fressen sie noch Raupen und Kerbtiere. Manchmal naschen sie auch am Fallobst. Sie brauchen eine Wasserstelle im Garten, am besten einen flachen Teich, und einen nicht zu kleinen Haufen aus Steinen, Reisig und Laub, wo sie überwintern können. Was die Igel sicher nicht brauchen, ist die Schale Milch, die ihnen von geneigten Gartenbesitzern manchmal hingestellt wird. Von Milch bekommen die Igel nämlich heftigen Durchfall.

Igel im Garten sind sehr nützlich!

Diese Liste ließe sich noch seitenlang fortsetzen. Wer diesen Nützlingen Lebensraum belässt und seinen Garten als ein Stück Natur und nicht als Chemieversuchsfeld bestellt, hat jede Menge Helfer: Schwebfliegen, Ohrwürmer, Blindschleichen, Spinnen, Spitzmäuse, Schlupfwespen ...

Gegen Pilzbefall und verschiedene bakterielle Erkrankungen hilft den Kräutern eine Kräuterbrühe oder Kräuterjauche. Sie ist ein natürliches „Spritzmittel" und lässt sich einfach herstellen.

Eine Kräuterjauche wird nach dem gleichen Muster angesetzt wie die zuvor beschriebene Brennnesseljauche. Auch die Verdünnung vor dem Gießen erfolgt mit zehn Teilen Wasser auf einen Teil Jauche.

Die Blätter des Krens (Meerrettichs) liefern einen „Kräutertee" für die Stärkung jener Gewürzkräuter, die mit Monilia oder Bakterien zu kämpfen haben.

Die Schachtelhalmjauche ist ein wirkungsvolles Stärkungsmittel für Kräuter, die mit Mehltau oder Pilzbefall zu kämpfen haben. Man kann den Schachtelhalm aber auch als Tee bzw. Brühe aufbereiten. Das dauert nur einen Tag und wirkt rasch und zuverlässig. Mit Brühe oder Tee werden die Pflanzen als Ganzes begossen, am besten gegen Abend, wenn die Sonne schon tief steht. Tee oder Brühe werden nicht verdünnt. Für zehn Liter Schachtelhalmbrühe übergießt man etwa 200 Gramm Schachtelhalm – die ganze Pflanze ohne Wurzeln oder das Kraut – mit der entsprechenden Menge Wasser. Diesen Ansatz lässt man einen Tag stehen, kocht ihn anschließend auf und lässt ihn etwa eine halbe Stunde auf kleiner Flamme köcheln. Nach dem Abkühlen ist die Brühe fertig zum Gießen der Kräuter.

Nach diesem Rezept lassen sich auch Brühen aus Krenblättern (Meerrettichblättern) gegen Monilia und bakterielle Erkrankungen der Kräuter, gegen Läuse aus Rhabarberblättern, gegen Kohlweißlinge aus Tomatenblättern und gegen die Wühlmäuse aus Holunderblättern herstellen. Farnkraut hilft gegen die Blattläuse und die Wermut-Brühe soll sogar die Nacktschnecken verjagen.

Kräutergarten als Topfkultur

Nicht jeder, der seine eigenen Gewürzkräuter ziehen will, hat einen geeigneten Garten. Das muss auch nicht sein. Viele der Kräuter lassen sich problemlos im Blumentopf oder in Balkonkisten ziehen. Sie sind nicht nur nützlich für die Küche, sondern auch eine prachtvolle und interessante Zierde für die Fensterbank oder den Balkon. Und wer gar einen Wintergarten hat, kann dort fast alle Gewürzkräuter sprießen lassen, die sich auch im Garten kultivieren lassen.

Als Behälter für die Topfkultur sind außer Blumentöpfen auch tiefe Schalen, alte Tröge und Balkonblumenkästen geeignet. Natürlich muss man bedenken, dass die Pflanzen in Topfkultur wenig Platz haben. Die gegenüber der Gartenkultur begrenzte Wasser- und Nährstoffversorgung kann man dagegen durch entsprechende Pflege ausgleichen. Alle Gefäße müssen über Abflusslöcher im Boden verfügen, damit keine Staunässe auftritt. Über die Löcher legt man Tonscherben und deckt sie mit einer Schicht Sand ab, bevor man das Gefäß bis etwa zwei Zentimeter unter den Rand mit Erde füllt. Die Erde sollte nicht zu fett sein. Eine bewährte Lebensgrundlage für Kräuter im Topf ist Blumenerde, mit etwas Sand vermischt.

Kräuter im Topf brauchen etwas mehr Dünger als jene im Garten. Nach dem Anwachsen der Pflanzen sollte man im Abstand von etwa vier Wochen mit Brennnesseljauche oder einer Jauche aus reifem Kompost düngen. Natürlich kann man auch handelsübliche mineralische Düngemittel verwenden. Einjährigen Pflanzen kann man ihren Topf als Dauerquartier belassen, mehrjährige müssen von Zeit zu Zeit umgetopft werden.

Viele Gewürzkräuter gedeihen problemlos in Töpfen.

Für Anfänger im Topf-Kräutergarten bieten sich einige besonders unproblematische und wuchsfreudige Kräuter an: Kapuzinerkresse, Dill, Schnittlauch, Liebstöckel, Estragon, Kerbel, Beifuß, Petersilie, Fenchel, Basilikum, Zitronenmelisse, Oregano, Ysop, Weinraute, Salbei, Bohnenkraut und Rosmarin. Auch Pfefferminze gedeiht gut im Topf, sie braucht jedoch viel Platz zum Wachsen.

Wie alle Kräuter benötigen auch jene im Topf so viel Sonne wie möglich. Auf dem Balkon brauchen sie meist auch einen Windschutz, beispielsweise durch ein Flechtgerüst oder auch durch größere Kübelpflanzen.

An Hausecken und selbst am Balkongeländer verwirbeln die Luftströmungen und diese Turbulenzen können die Kräuter unnötig belasten.

Bis auf diese wenigen Punkte, die man bei Topfkräutern besonders beachten muss, gibt es gegenüber der Kräuterkultur im Garten kaum Unterschiede.

Kräuter im Blumentopf

1 Erde
2 Erde mit Sand
3 Steine oder Tonscherben
4 Abflusslöcher

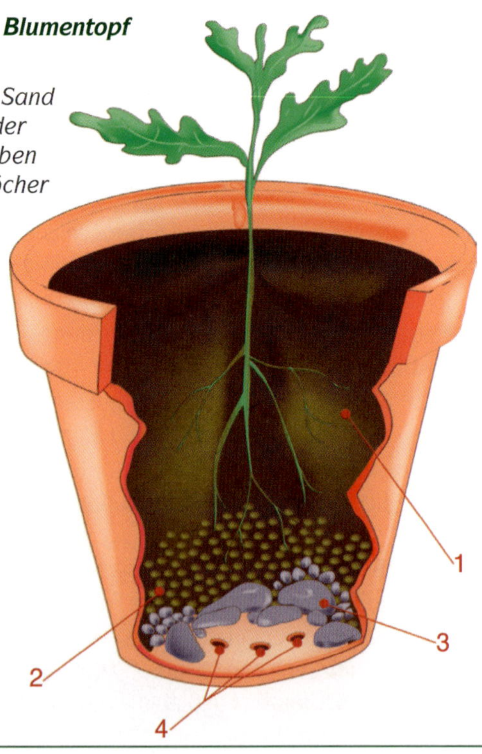

Die Ernte

Die Konservierung

Ernten und Konservieren

Während der Sommermonate ist das Angebot an Gewürzkräutern überreich. Und natürlich sind die Kräuter dann am wertvollsten, wenn sie frisch geerntet in die Küche kommen. Diesen Genuss haben wir nur wenige Monate im Jahr. Für die restliche Zeit müssen wir die geernteten Kräuter konservieren. Macht man das schonend durch Trocknen oder Einfrieren, können die Gewürzkräuter einen Großteil ihrer Inhaltsstoffe bewahren. Wenn die Samen der Kräuter als Gewürz verwendet werden, geht bei sorgsamer Trocknung kaum etwas von ihrer Qualität verloren.

Die Ernte

zum richtigen Zeitpunkt ist Grundvoraussetzung für die bestmögliche Qualität der Gewürzkräuter. Die grünen Küchenkräuter, bei denen es uns um Blätter oder Triebe geht, werden im Allgemeinen vor der Blüte geerntet. Man verwendet dazu am besten eine Haushaltsschere. Sollen die Blätter oder Triebe konserviert werden, ist die Zeit um den letzten Vollmond vor der Blüte der Pflanzen die geeignetste. Die Pflanzen stehen dann im prallen Saft und haben für die Blüte bereits alle Kräfte angesammelt.

Die beste Tageszeit für die Ernte ist der spätere Vormittag, sobald der Tau von den Pflanzen abgetrocknet ist. Das Wetter sollte trocken sein. Bei Regen darf man die Ernte durchaus um einige Tage verschieben. Als Sammelbehältnis ist der gute alte Korb noch immer unübertroffen. Plastiksäcke sollte man nicht verwenden, weil die Pflanzen darin schwitzen und sich rasch dunkel verfärben.

Übrigens:

Auch wenn Blätter und Triebe vor der Blüte geerntet werden, ist die dann blühende Pflanze nicht zur bloßen Schönheit degradiert: Blüten von Kapuzinerkresse, Schnittlauch, Bohnenkraut und Kerbel sind essbar und auf frischen Salaten ein Genuss!

Die Samenkörner des Korianders müssen geerntet werden, bevor sie von selbst abfallen.

Gewürzpflanzen, deren Samen verwendet werden, verlangen während der Reifezeit eine genaue Beobachtung. Man sollte die Samen ernten, sobald sie reif sind, aber bevor sie von selbst abfallen. Für die Samenernte ist der frühe Morgen die beste Tageszeit. Die taufrischen Samenstände verlieren dann weniger Samenkörner als im abgetrockneten Zustand.

Die Konservierung

der geernteten Blätter, Triebe und Samen ist jener Vorgang, der zu einem wesentlichen Teil über die Qualität unserer Gewürze für das kommende Küchenjahr entscheidet. Dabei sollte man entsprechend sorgfältig vorgehen.

Trocknen

Das Trocknen ist die älteste Form der Kräuterkonservierung. Sie ist für Blätter und Samen gleichermaßen gut geeignet. Kräuter dürfen nicht in der Sonne getrocknet werden, immer nur an windgeschützten Stellen im Schatten. Gut geeignet ist auch der Dachboden oder ein Holzschuppen. Jene Pflanzen, deren getrocknete Samen das Ziel des Bemühens sind, vertragen beim Trocknen jedoch durchaus etwas Sonne.

Zum Trocknen werden Kräuter „kopfüber" aufgehängt.

Bei Kräutern ist es sinnvoll, sie zum Trocknen in lockere Sträuße zu binden und im Schatten an Leinen oder an einer trockenen Wand kopfüber aufzuhängen. Das spart Platz und sie bekommen von allen Seiten Luft. Die zweite Möglichkeit besteht darin, sie auf Küchenkrepp oder alten – aber sauberen – Leintüchern auszulegen. Durch den Wasserverlust beim Trocknen verlieren die Pflanzenteile bis zu 90 Prozent ihres Gewichts.

Wenn die Stängel brechen und das Kraut beim Anfassen raschelt, ist die Trocknung abgeschlossen.

Abgeschlossen ist die Trocknung der Kräuter, wenn das Kraut beim Anfassen raschelt und die Stängel wie Glas brechen. Kleinere, im Strauß getrocknete Kräuter kann man dann zur Aufbewahrung in gut verschließbare Glasflaschen mit weiter Öffnung geben. Das ergibt für die Küche ein dekoratives Element, eignet sich im Bedarfsfall auch als Geschenk und schadet der Qualität der getrockneten Gewürzkräuter nicht. Die Menge an Trockenkräutern, die sich nicht im Ganzen in Flaschen unterbringen lässt – also der Großteil der Ernte –, wird zerkleinert. Am einfachsten, indem man die Kräuter durch ein grobmaschiges Sieb reibt. Sie werden zur Aufbewahrung in Weißblechdosen oder verschraubbare, dunkel gefärbte Gläser gefüllt.

Kräuter mit Samenständen, wie beispielsweise Kümmel, Fenchel, Koriander oder Anis, werden auf Küchenkrepp oder Leintüchern getrocknet. Es ist sinnvoll, um die einzelnen Kräuter Seidenpapier zu schlagen. So kann man die ausfallenden Samen auf einfache Weise einsammeln, ohne ihre Verschmutzung zu riskieren. Nach einer Anfangstrocknung, die abgeschlossen ist, sobald die Stängel der Pflanzen staubtrocken sind, sammelt man die ausgefallenen Samen, klopft anschließend die Samenstände gut ab, um noch anhaftende Samenkörner zu lösen, und lässt die Samen anschließend noch etwa einen Tag nachtrocknen. Dann werden sie zur Aufbewahrung in Schraubdeckelgläser gefüllt.

Getrocknete Kräuter werden am besten in verschließbaren Gläsern aufbewahrt.

Einfrieren

Kräuter, bei denen die Würze in den Blättern steckt – Liebstöckel, Petersilie, Basilikum beispielsweise –, können auch durch Einfrieren konserviert werden. Bei den meisten Kräutern bleibt dadurch mehr an Inhaltsstoffen und Aroma erhalten als beim Trocknen. Die Bärlauchblätter beispielsweise verlieren beim Trocknen einen Großteil ihrer charakteristischen Würze. Tiefgefroren dagegen behalten sie ihr knoblauchartiges Aroma und schmecken nach dem Auftauen annähernd wie frisch geerntet. So kann man mittels Tiefkühltruhe die von der Natur auf wenige Wochen begrenzte Bärlauchsaison über das ganze Jahr ausdehnen.

Tiefgefroren behält Bärlauch sein knoblauchartiges Aroma.

Einfrieren kann man die Blattgewürze auf zweierlei Arten:

- als ganzes Kraut oder
- gehackt und vorportioniert.

Beim ganzen Kraut werden die einzelnen Stämmchen in Alufolie gewickelt und möglichst rasch nach der Ernte in die Tiefkühltruhe befördert. Zum Gebrauch kann man die einzeln verpackten Stämmchen entnehmen und noch in der Folie zerkleinern.

Eine besonders praktische Art des Einfrierens ist auf den folgenden Bildern dargestellt: Die Kräuter werden fein gehackt und mit etwas Wasser in Eiswürfelschalen tiefgefroren. Sobald die „Kräuterwürfel" durchgefroren sind, kann man sie aus der Schale drücken und in Gefrierdosen in der Tiefkühltruhe stapeln. Zum Würzen von Suppen und Saucen sind diese bereits portionierten und gebrauchsfertigen Kräutereiswürfel ideal.

Kräuter hackt man am besten mit dem Wiegemesser auf einem Holzbrett.

Die frischen Kräuter werden kurz abgewaschen und mit dem Wiegemesser gehackt. Sie können ruhig etwas gröber geschnitten sein. Zu fein gehackt verlieren sie eher an Aroma.

Dann füllt man sie in Eiswürfelbehälter und gießt mit Wasser auf. Sind die Kräutereiswürfel durchgefroren, kann man sie aus dem Behälter nehmen und in Tiefkühlsäckchen in der Kühltruhe lagern.

Die Kräutereiswürfel können als bereits portionierte Würze für Suppen und Saucen dienen. Für andere Speisen lässt man sie auf einem Teesieb auftauen — so kann das überschüssige Wasser abtropfen.

Wichtig!

Alle tiefgefrorenen Gewürzkräuter müssen nach dem Auftauen sofort verwendet werden, weil sie rasch weich und wässrig werden und ihr Aroma verlieren.

Einsalzen

Bei Verwendung von Kräutersalz, Speisen nicht zusätzlich salzen.

Eine althergebrachte Methode der Kräuterkonservierung muss auch noch erwähnt werden: das Einsalzen. Dazu werden die Kräuter fein gehackt, lagenweise in ein Glas oder in einen Tontopf geschichtet und jede Lage mit Salz bestreut. Auf ein Kilogramm frischer Kräuter rechnet man 200 Gramm Salz. Verwendet man die eingesalzenen Kräuter in der Küche, darf man die Speisen nicht zusätzlich salzen!

Gewürzkräuter – Steckbriefe

Die wichtigsten Gewürzkräuter für den Kräutergarten und die Topfkultur finden Sie auf den folgenden Seiten beschrieben. Hinsichtlich der Zeit für Blüte und Ernte ist zu sagen: Die Entwicklung der Kräuter hängt vom Klima, von der Wetterlage, von Standort, Boden und Nährstoffangebot ab.

Bei einigen der Pflanzen dürfte sich die Frage stellen: Gewürz oder Gemüse? Das gilt für die Zwiebel, aber auch für die Paprika. Wer den Paprika in feine Streifen schneidet und auf sein Schinkenbrot legt, betrachtet ihn wohl als Gewürz. Unter den Salat gemischt, zeigt er dagegen eher die Eigenschaften von Gemüse. Wie dem auch sei – wir wollen nicht Haare spalten, sondern Gesundes und Schmackhaftes aus dem Garten genießen.

Eine Vielfalt an Kräutern ist eine Zierde für den Garten und ein Gewinn für die Küche.

Anis

Pimpinella anisum

Diese aromatische einjährige Pflanze aus der Familie der Doldenblütler mit spindelförmiger Wurzel wird etwa 60 Zentimeter hoch und blüht im Juli und August. Die Blüten sind klein, weiß und in einer flachen Doppeldolde zusammengefasst. Anis ist eine uralte Kulturpflanze und seit dem Altertum bekannt. Ursprünglich in Vorderasien beheimatet, kommt der Anis heute auch in ganz Mitteleuropa verwildert vor.

Anbau: Anis braucht leichten, nährstoffreichen Boden und einen sonnigen, windgeschützten Standort. Die Aussaat erfolgt Ende März/Anfang April direkt ins Beet. Man rechnet mit rund drei Gramm Samen pro Quadratmeter, der Pflanzenabstand sollte 30 mal 20 cm betragen.

Ernte: Der richtige Zeitpunkt für die Ernte ist, sobald sich die Früchte bräunlich zu verfärben beginnen. Man nimmt das ganze Kraut und lässt es noch einige Tage in Büscheln liegen, bis alle Früchte gut nachgereift sind. Dann erfolgt die Trocknung der Samenstände. Man kann auch das Kraut selbst verwenden, allerdings schmeckt es nur frisch nach Anis. Im getrockneten Zustand verliert es den größten Teil seines Aromas.

Verwendung: Die getrockneten Anissamen sind ein beliebtes Gewürz für Brot und verschiedenste Bäckereien. Anis passt auch für Gemüsesaucen und der berühmte Pernod ist ein Anislikör. Anis muss lichtgeschützt, am besten in Blechdosen oder dunklen Schraubdeckelgläsern, aufbewahrt werden.

Bärlauch

Allium ursinum

Als Waldknofel oder Wilder Knoblauch ist der Bärlauch eine unentbehrliche Zutat für alle Frühlingssalate. Er wächst an feuchten Stellen im Wald und sogar in Parks, ist eine sehr ausdauernde und widerstandsfähige Pflanze und gehört zur Familie der Liliengewächse. Jede Pflanze hat nur zwei Blätter, welche jenen des – giftigen – Maiglöckchens ähnlich sehen. Aber der charakteristische Knoblauchgeruch des Bärlauchs schließt die Verwechslung weitestgehend aus. Und wenn ein Stängel mit Blütendolde dabei ist, gibt es keinen Zweifel mehr: Die sternförmigen weißen Blüten sind in einer fast halbkugelförmigen Dolde angeordnet.

Anbau: Am einfachsten ist es, den Bärlauch im Wald auszugraben und in den eigenen Garten zu verpflanzen. Die geeignete Zeit dafür ist Ende September/Anfang Oktober. Man muss sich den Standort der begehrten Zwiebeln merken. Vom Bärlauch selbst ist um diese Jahreszeit kaum noch etwas zu sehen.

Der Bärlauch hält es unter den anderen Kräutern im Garten nicht aus – dort ist es ihm

Anis

zu warm. Er braucht einen schattigen, feuchten Platz. Am wohlsten fühlt er sich unter Bäumen.

Ernte: Die Bärlauchblätter werden zwischen Mitte April und Mitte Mai geerntet. Frisch sind sie am köstlichsten. Man kann sie jedoch einfrieren und dadurch einen Großteil ihrer Würze für den Rest des Jahres bewahren.

Verwendung: Für Frühlingssalate, Kräuter- und Gemüsesuppen, Topfenaufstriche und Kräutertopfen, zu eingelegtem Schaf- und Ziegenkäse; außerdem zu Käsesoufflé, Kräuteromelett und zu Geflügel, in Fischsuppen und zu Kalbs- und Lammbraten. Ein besonderer Feinschmeckertipp ist die Räucherforelle (bzw. Räucherforellenfilets) in Bärlauchrahm! Wie Kräuterrahm (Kräutersahne) – aber nur mit Bärlauch und sonst nichts!

Blühender Bärlauch

Basilikum
Ocimum basilicum

Dieser Lippenblütler ist eine einjährige, stark verzweigte Pflanze, die bis zu einem halben Meter hoch wird. Sie blüht weiß mit einem zarten Rosastich und ist eine bei Bienen begehrte Nektarspenderin. Basilikum stammt aus dem Orient, ist aber bereits seit dem frühen Mittelalter in Europa heimisch.

Anbau: Basilikum hat ein hohes Wärmebedürfnis. Die prallste Sonne ist gerade warm genug. Der Boden soll sandig, aber humusreich sein. Die Aussaat sollte man in der Saatschale vornehmen. Ein halbes Gramm Samen reicht für mindestens drei Quadratmeter Basilikumkultur. Der Abstand der Pflanzen sollte etwa 30 Zentimeter in jede Richtung betragen.

Ernte: Geerntet werden zwischen Anfang Juli und Mitte September Blätter und Kraut. Basilikum kann getrocknet oder eingefroren werden.

Verwendung: Basilikum ist ein sehr vielseitig verwendbares Küchenkraut. Frische oder tiefgefrorene Basilikumblätter passen roh oder mitgekocht zu Gemüsesuppen, Eintöpfen mit Tomaten, Kohlrabi und Hülsenfrüchten, zu faschiertem Braten (Hackfleisch), Geschnetzeltem, zu Saucen für Fisch und Geflügel. Die getrockneten Blätter sollten nur im gekochten Zustand verwendet werden. Die ganzen Zweige geben Gewürzessig eine charakteristische Note.

Basilikumblätter

Beifuß
Artemisia vulgaris

Der Beifuß ist eine dem Wermut ähnliche, bis über einen Meter hohe Staude, die in verschiedenen Arten über ganz Europa, Asien und Amerika verbreitet vorkommt. Er blüht zwischen Juni und Anfang September. Die kleinen, länglichen Blütenrispen sind von gelber bis rotbrauner Farbe. Die alte Bauerngartenpflanze kommt an Wegrändern und Ufern wild vor und spielt in der Mythologie eine Rolle als Zauberpflanze.

Anbau: Die mehrjährige Staude bevorzugt trockenen, kalkhaltigen Boden. Die Anzucht sollte im Saatbeet erfolgen. Der Pflanzenabstand am endgültigen Standort beträgt etwa einen halben Meter in jede Richtung.

Ernte: Als Gewürz werden die Rispen mit den noch geschlossenen Blütenknospen verwendet. Die sehr bitter schmeckenden Blätter müssen abgetrennt werden. Konserviert wird der Beifuß durch Trocknung. Getrockneter Beifuß haftet in Klümpchen aneinander. Das kommt von den feinen Härchen und hat nichts mit Pilzbefall oder Ähnlichem zu tun!

Verwendung: Beifuß ist das ideale Gewürz für Deftiges. Gänse-, Enten- und Schweinebraten, kräftige Suppen und Eintöpfe, Füllungen für Kalbs- und Lammbrust. Auch Wild gewinnt durch Beifuß noch an Geschmack. Ein heißer Tipp für Liebhaber kräftiger Kost ist das Schweineschmalz mit Beifuß – aber bereits beim „Schmalzauslassen" dem noch heißen Schmalz beigeben, nicht erst im Nachhinein! Beifuß sollte übrigens immer mitgekocht oder

Beifuß

mitgebraten werden. Nur so kann er sein Aroma entfalten.

Bockshornklee
Trigonella foenum-graecum

Man nennt den Bockshornklee schon so lange „Griechisches Heu", sodass er sogar seinen lateinischen Namen davon hat. Er ist eine der ältesten Gewürzpflanzen. Auch im Grab des ägyptischen Königs Tutanchamun wurden seine Samen gefunden. Er ist das Kraut, das den berühmten Schweizer Schabziger würzt: einen kleinen harten Kräuterkäse.

Anbau: Die Samen werden, sobald keine Frostgefahr mehr besteht, direkt ins Beet gesät. Der Abstand sollte etwa 20 Zentimeter in jede Richtung betragen. Blütezeit ist ab Ende April bis Anfang Juli. Danach bilden sich aus den weißen, gelblichen oder auch hellvioletten Blüten etwa zehn Zentimeter lange Hülsen mit den Samen.

Ernte: Geerntet werden Blätter und Samen. Die Blätter trocknet man im Ganzen; die Samen werden aus den Hülsen geschüttelt und dann zum Trocknen ausgelegt.

Verwendung: Die frischen oder getrockneten Blätter passen gut in die Zwiebelsuppe, zu Omeletts und in Kräutersaucen. Die ganzen Samen würzen Lamm-, Rinds- und Schweinebraten. Im Mörser zerriebene Samen geben Kürbisgemüse eine besondere Note, genauso Fischsuppen, Zwiebelgemüse mit südlicher Note, faschiertem Braten (Hackfleisch) und Fladenbrot.

Bockshornklee

Bohnenkraut

Satureja hortensis

> Das Bohnenkraut ist auch unter den Namen „Pfefferkraut“ oder „Wurstkraut“ bekannt. Der mehrjährige Lippenblütler bildet einen Halbstrauch und wird rund einen halben Meter hoch. Bis zur Entdeckung der Gewürze der Neuen Welt war das Bohnenkraut für die Küche unentbehrlich. Schon der römische Kochbuchautor Apicius empfiehlt es für Spargelomelett oder Trüffelsalat.

Anbau: Nach der Anzucht im Saatbeet oder Kistchen, bei der man etwa 0,5 Gramm Samen je Quadratmeter Bohnenkrautkultur rechnet, werden die Pflänzchen in den Kräutergarten gesetzt. Ihr Platzbedarf liegt bei etwa 30 Zentimetern in jede Richtung. Das Bohnenkraut blüht zwischen Juli und Anfang Oktober. Während der Blüte ist es eine wertvolle Bienenweide.

Ernte: Geerntet werden die lanzettförmigen Blätter vor Beginn der Blüte. Für den Frischverbrauch kann man natürlich schon vorher Blätter abschneiden. Die Konservierung kann durch Trocknen oder durch Einfrieren erfolgen. Die Art der Konservierung entscheidet jedoch über die Verwendungsmöglichkeiten in der Küche. Ganze Bohnenkrautzweige verwendet man für Kräuteressig.

Verwendung: Die getrockneten Blätter sollte man nur in mitgekochtem Zustand verwenden und für Schweineschmalz als Brotaufstrich. Frisch und tiefgefroren passen sie zu allen Salaten, zu Geflügelpasteten, klaren Suppen und Cremesuppen, vor allem mit Karfiol, Bohnen, Kohlrabi, und zu allen Pilzgerichten wie Pilzsaucen und Pilzomeletts.

Bohnenkraut

Brunnenkresse

Nasturtium officinale

Wie schon ihr Name vermuten lässt, liebt sie das Wasser. In der Natur kommt sie an Bachrändern vor und ähnliche Bedingungen muss man ihr auch im Kräutergarten bieten. Tut man das, liefern ihre großen, reifen Blätter eine aromatisch scharfe und fein herbe Würze. Ihre Samen kann man ähnlich wie Senf verwenden. Die damit bereitete Sauce ist ein Geheimtipp zu Fisch.

Anbau: Nass muss der Standort sein! Bloß feucht ist der Brunnenkresse zu wenig. Sonne braucht sie nicht im Übermaß – am besten ist ein Platz im Halbschatten direkt am Gartenteich. Dort kann man die Samen ab Ende März direkt aussäen. Für einen Quadratmeter reichen etwa drei Gramm Samen. Der Abstand zwischen den angewachsenen Pflanzen sollte etwa 20 Zentimeter betragen. Die Brunnenkresse ist winterhart und wintergrün: Sogar unter dem Schnee lassen sich ihre würzigen Blätter finden!

Ernte: Geerntet werden die großen Blätter. Die beste Zeit dafür ist zwischen Oktober und März. Bei der im Garten kultivierten Brunnenkresse ist auch außerhalb dieser Zeit die Ernte möglich. Die Blätter der Brunnenkresse lassen sich gut einfrieren, aber nicht trocknen. Die Samen dagegen konserviert man wie alle Samen durch Trocknen.

Verwendung: Roh oder ganz kurz erhitzt passt die Brunnenkresse zu allen Gemüsegerichten, zu Fischsaucen und Geschnetzeltem von Kalb, Rind und Lamm, außerdem zu Kräuterbutter und

Brunnenkresse

Kräutertopfen. Frisch und roh ist die Brunnenkresse eine kulinarische Aufwertung für jeden Salat. Die Samen kann man im Mörser zerreiben und als delikate Saucenwürze verwenden.

Dill

Anethum graveolens

Das vor allem als „Gurkenkräutl" bekannte Gewürzkraut hat seinen festen Platz in der Küche wie im Hausgarten. Dill gehört zum Frühling und Sommer wie der Kräutertopfen und der Gurkensalat – am würzigsten schmeckt er nämlich während der Blüte von Juni bis August. Das Kraut enthält ätherische Öle. Hildegard von Bingen gebrauchte den Dill zur Heilung von Lungenleiden. Und in der Mythologie hat der Dill einen guten Ruf als Mittel gegen Zauberei und Blitzschlag.

Anbau: Aussaat ab Ende März direkt ins Beet. Man rechnet etwa zwei Gramm Samen pro Quadratmeter. Die einzelne Pflanze braucht etwa 30 mal 30 Zentimeter Platz und wird bis zu einem Meter hoch. Dill braucht volle Sonne und sollte mäßig feucht gehalten werden. Der Boden sollte nicht zu mager sein.

Ernte: Geerntet werden die gefiederten Blätter bzw. das Kraut. Für die Trocknung und zum Einfrieren am besten unmittelbar vor der Blüte im Juni, für die Verwendung als frisches Kraut auch während der gesamten Blütezeit.

Verwendung: Roh oder kurz mitgekocht passt Dill zu Gurkensalat und -sauce, zu allen Blatt-, Eier-, Fisch- und Kartoffelsalaten, zu Fisch-, Hühner- und Gemüsesuppen. Tiefgefrorenen Dill kann man wie frischen verwenden, getrockneten muss man kräftiger dosieren und vor der Beigabe zwischen den Fingern zerreiben.

Dill

Eberraute

Artemisia abrotanum

Schon Walahfrid Strabo (808–848, Abt von Reichenau, Dichter und Gelehrter) besang die Eberraute: „Sie hat soviel Kräfte wie haarfeine Blätter." So ziert sie seit rund einem Jahrtausend die Kloster- und Bauerngärten und niemand denkt bei diesem althergebrachten Heil- und Gewürzkraut, dass seine Heimat eigentlich in Vorderasien liegt.

Eberraute

Anbau: Die Eberraute kann nur vegetativ durch Stecklinge oder Staudenteilung vermehrt werden.

Sie braucht trockenen, warmen Boden mit etwas Kalk und viel Sonne, dazu hinreichend Platz: Vier Pflanzen pro Quadratmeter sind genug. Die Eberraute kommt in unserer Klimazone nur selten zum Blühen.

Ernte: Geerntet werden die frischen, zarten Triebspitzen, und zwar den ganzen Sommer über. Die Eberraute wird am besten in Büschel aufgehängt getrocknet.

Verwendung: Das zarte Zitronenaroma macht die Eberraute zu einem feinen Gewürz für Braten, fettes Fleisch, Saucen und auch für Salate. Sie ist delikates Gewürz und wirkungsvolle Verdauungshilfe in einem.

Wegen ihrer Gerb- und Bitterstoffe verwendet man sie auch als Heilkraut bei Verdauungsstörungen, Appetitlosigkeit und Blähungen.

Estragon

Artemisia dracunculus

Diese alte Kulturpflanze aus der Familie der Korbblütler ist in weiten Teilen Europas und Nordamerikas verbreitet. Estragon ist ausdauernd und pflegeleicht, wird über einen Meter hoch und blüht zwischen August und Oktober. Die gelbgrünen, unscheinbaren Blütenköpfchen stehen in lockeren Rispen.

Anbau: Die jungen Pflanzen werden direkt ins Beet gesetzt. Es sollten nicht mehr als drei pro Quadratmeter sein. Der Boden sollte locker, die Lage windgeschützt sein. Estragon gedeiht auch im Halbschatten, braucht aber viel Feuchtigkeit.

Ernte: Geerntet werden ab Mai die jungen Triebspitzen und die zarten Blätter. Estragon kann man trocknen oder einfrieren. Beim Trocknen verliert er allerdings viel von seinem Aroma. Ganze Estragonzweige verwendet man für Kräuteressig.

Verwendung: Ob frisch, tiefgefroren oder getrocknet – Estragon entfaltet sein charakteristisches, intensives Aroma erst beim Kochen oder Braten. Er passt vorzüglich zu Huhn, Lamm und Kalb. Kaninchen ist ohne Estragon fast unvorstellbar. Frischen oder tiefgefrorenen Estragon verwendet man für Kräuterbutter, Kräutersaucen, Grillmarinaden und Kräutersenf.

Frischer Estragon

Fenchel

Foeniculum vulgare

Als einjährige Pflanze oder als Staude bis zu zwei Metern Höhe gehört der Fenchel zur Familie der Doldenblütler. Wer ihn einjährig zieht, kann seine Knolle als feines Gemüse genießen. Vielfältig sind die Anwendungen des Fenchels als Heilkraut. Aus seinem ätherischen Öl wird das Fenchelwasser hergestellt, das entzündete Augen beruhigt. Fencheltee wirkt gegen Darmkoliken und Blähungen und als Gewürz liefert Fenchel zum guten Geschmack diese Wirkung gleich mit.

Anbau: Die Anzucht aus den Samen erfolgt im Saatbeet oder Kistchen. Etwa zwei Gramm Samen benötigt man für einen Quadratmeter. Nach dem Umsetzen der Pflänzchen in den Kräutergarten sollte jedes etwa 40 mal 40 Zentimeter Platz haben. Auch die Aussaat direkt ins Beet ist ab April möglich. Fenchel braucht guten Gartenboden, volle Sonne und mäßige Feuchtigkeit. Seine Blütezeit ist von Juli bis September.

Ernte: Das frische Kraut wird für den sofortigen Verbrauch geerntet; die Samen hingegen werden getrocknet. Wer es auf Letztere abgesehen hat, sollte auf die Knollen verzichten. Denn in den seltensten Fällen und nur in besten Lagen können von der einjährigen Pflanze Samen geerntet werden. Sie werden von der reifenden Pflanze mit einem Kamm abgestreift.

Verwendung: Das frische Kraut passt zu allen Salaten, zu Fisch- und Pilzgerichten und zu Kürbisgemüse. Die getrockneten Fenchelsamen sind ein beliebtes Gewürz für Brot und Gebäck.

Außerdem für Kohl-, Lauch- und Kartoffelsuppe, für Blutwurstgröstl (mit Kartoffeln und Zwiebeln) und beim Einkochen für Erdbeermarmelade, Apfel- und Quittengelee.

Fenchel

Gundelrebe

Glechoma hederacea

Man nennt die Gundelrebe auch „Erdefeu" oder „Donnerrebe". Ersteres, weil sie über einen Meter lange Triebe bildet, die am Boden dahinkriechen. Zweiteres, weil sie als Lieblingskraut des Donnergottes Thor oder Donar galt. Wer die Tür mit Gundelrebenkränzen schmückt, schützt das Haus zuverlässig vor Blitzschlag, sagt man. In England war man, was die Gundelrebe betrifft, prosaischer: Bis ins 16. Jahrhundert verwendete man sie anstelle von Hopfen zum Bierbrauen.

Anbau: Die Gundelrebe braucht Halbschatten und nicht zu mageren Boden. Sie ist winterfest und bildet selbst unter dem Schnee frische grüne Blätter. Für die Kräuterspirale und für Kräuterbeete ist sie eine ideale „Einfassung".

Ernte: Geerntet werden die Blätter, bevor sie zu groß werden. Das kann ab Anfang Juni und bis Mitte Dezember erfolgen. Wer Gundelrebenblätter konservieren will, muss sie einfrieren. Getrocknet schmecken sie nur bitter.

Verwendung: Gundelrebe riecht zart nach Minze, schmeckt dezent scharf und zartbitter. Man sollte sie mit anderen Gewürzen kombinieren, um einen ausgewogenen Geschmack zu erreichen: am besten mit Schnittlauch, Zwiebeln, Pfeffer oder Knoblauch. Das passt zu Kräuteraufstrichen, Salaten, Kräuter-, Kohlrabi- und Kartoffelsuppe und zu Kalbsleber anstelle von Salbei.

Gundelrebe

Kapuzinerkresse

Tropaeolum majus

Die Kapuzinerkresse sieht genauso gut aus, wie sie schmeckt. Sie kam ursprünglich als Zierpflanze aus Peru in die europäischen Klöster. Aber bald entdeckte man ihre Eigenschaften als Gewürzkraut. Sie schmeckt ähnlich wie Garten- oder Brunnenkresse, aber dezenter und weniger scharf.

Anbau: Die einjährige Pflanze wird knapp 30 Zentimeter hoch. Man kann sie ab März im Saatbeet anzüchten, aber auch direkt aussäen.

Der Abstand zwischen den einzelnen Pflanzen sollte etwa 20 Zentimeter betragen. Die Kapuzinerkresse braucht viel Sonne und einen eher mageren, sandigen Boden.

Ernte: Geerntet werden zwischen Anfang Juni und Mitte Oktober Blätter, Blütenknospen und Blüten. Blätter und Blüten sind nur für den Frischverzehr geeignet. Die Blütenknospen kann man wie Kapern in Essig einlegen: waschen, mit Salz bestreuen, zwei Stunden anziehen lassen. Dann in ein Schraubdeckelglas geben, mit kochendheißem Essig übergießen und das Glas sofort verschließen.

Verwendung: Die fein gehackten Blätter passen zu allen Kräuteraufstrichen, in Senfsauce und Vinaigrette zu Artischocken, Cremesuppen, Champignonreis, Fisch- und Geflügelsuppen und in Marmeladen aus Erdbeeren, Pfirsichen, Marillen und Sauerkirschen (man rührt sie unmittelbar vor dem Abfüllen in die Marmelade!). Die frischen Blüten verfeinern gemischten Salat und besonders Gurkensalat, Kräuteromeletts, Obstsalate, Obsttorten, Biskuitrollen mit heller Füllung und Eisbecher.

Kerbel

Anthriscus cerefolium

Der Kerbel ist ein Klassiker der feinen Küche. Mit seinem zarten Anisduft gehört er zur berühmten Frankfurter „Grünen Sauce", von der schon Goethe schwärmte. In der Homöopathie dient Kerbel gegen Magenschmerzen und schon die Römer verwendeten Kerbeltee, wenn sie sich überfuttert hatten. So dient Kerbel nicht nur als Würze, sondern auch als Medizin zur Verträglichkeit der Speisen. Im Frühling sorgt reichliche Verwendung von Kerbel für die Blutreinigung.

Anbau: Aussaat ab Ende März direkt ins Beet. Kerbel braucht Halbschatten und feuchten Boden. Die einjährige Pflanze wird bis 60 Zentimeter hoch und braucht 30 Zentimeter Platz in jede Richtung.

Ernte: Geerntet werden die jungen, zarten Blätter vor der Blüte im Juni. Durch öfteren Schnitt

Kapuzinerkresse

Kerbel

des Krauts kann die Blüte verzögert werden. Die Blätter lassen sich durch Trocknen oder Einfrieren konservieren. Die Blütendolden kann man – wie die Holunderblüten – in Omelett-Teig herausbacken.

Verwendung: Frisch, tiefgefroren oder getrocknet passt Kerbel zu allen Salaten, Kräuteraufstrichen, Cremesuppen, süß-sauren Saucen und in Buttermilch oder Joghurt. Er kann roh oder ganz kurz gekocht bzw. kurz mitgekocht verwendet werden. Zu langes Kochen schadet seinem Aroma.

Knoblauch

Allium sativum

Wer ihn nicht riechen kann, hat Pech. Denn der Knoblauch ist eines der gesündesten Gewürze und die Wissenschaft hat schon vieles bestätigt, was alte Heilkunde und Volksmund ihm nachsagen. Er reinigt das Blut und wirkt antibakteriell, soviel ist sicher. Die lange Liste von Inhaltsstoffen lässt aber noch einiges an gesundheitsfördernder Wirkung vermuten.

Anbau: Knoblauch verlangt einen gut bearbeiteten, etwas schweren Boden und viel Sonne. Die Anzucht durch die Zehen dauert zwei Jahre. Die einzelnen Pflanzen brauchen etwa 25 Zentimeter Platz in jede Richtung.

Ernte: Die Knollen werden geerntet, sobald die Blätter verwelkt sind. Zu lange sollte man damit nicht warten, damit die einzelnen Zehen nicht auseinanderfallen. Die Knollen können am Kraut zum Trocknen aufgehängt und später in einem kühlen, dunklen Raum – am besten ebenfalls hängend – gelagert werden.

Verwendung: Die Liste der Gerichte, zu denen Knoblauch passt, wäre zu lang. Deshalb: Roh zu Gemüse oder aufs Brot, gekocht in allen Gemüsesuppen, mitgebraten beim Schweine-, Lamm- und Gänsebraten. Dazu gibt es noch jede Menge fantasievoller Arten des Knoblauchgenusses. Zum Beispiel: Die geschälten Zehen in Essig mit Senfkörnern, Dill und Rosmarin eingelegt, kurz aufgekocht und in Schraubdeckelgläser gefüllt, sind ein Gustohäppchen für Zwischendurch und für jede Salatplatte!

Koblauch

Koriander

Coriandrum sativum

Dieser Doldenblütler ist eine einjährige Pflanze, die nicht gerade einen betörenden Duft verbreitet. Aber seine Samenkörner – die haben es in sich! Schon der Römer Apicius empfiehlt Koriander zu Wild und Fisch und selbst in den ägyptischen Königsgräbern fand man Korianderkörner. In der thailändischen Küche wird die Korianderwurzel als gekochtes Gemüse genossen.

Anbau: Aussaat Anfang April direkt ins Beet oder Anzucht im Saatbeet. Die einjährige Pflanze wird über einen halben Meter hoch und braucht in jede Richtung etwa 30 Zentimeter Platz. Der Boden sollte leicht und kalkhaltig sein. Koriander braucht viel Sonne und Schutz vor kühlem Wind.

Ernte: Geerntet werden die ganzen Pflanzen vor der Vollreife. Man bindet das Kraut zu Büscheln und lässt die Körner ausreifen. So vermeidet man, dass sie von selbst im Beet ausfallen. Nach dem Trocknen sollten Korianderkörner in gut verschließbaren Blechdosen oder in Schraubdeckelgläsern aufbewahrt werden. Sie werden nämlich häufig von Insekten befallen.

Verwendung: Koriander ist ein tragendes Gewürz für Lebkuchen, herzhaftes Bauernbrot und Dinkelgebäck. Er passt vorzüglich zu allen Wildgerichten und zu Geflügel. Grillsaucen, besonders für Fisch, werden mit einer Gewürzmischung aus Koriander, Minze, Fenchel, Liebstöckel und Pfeffer zu einem besonderen Genuss.

Koriander

Kren (Meerrettich)
Armoracia rusticana

Der Kren wächst als ausdauernde, kräftige Staude mit kaum Holz, aber dafür mit riesengroßen Blättern. Man kann diese als Brühe für den biologischen Pflanzenschutz nutzen – denn schneiden sollte man sie, damit die Wurzeln kräftig anwachsen. Die mehrjährige Pflanze ist winterhart und blüht zwischen Mai und Juli.

Anbau: Kren braucht Platz: Mit vier bis fünf Pflanzen pro Quadratmeter ist die richtige Pflanzendichte für das Beet gegeben. Der Boden sollte nährstoffreich und feucht sein. Staunässe verträgt der Kren jedoch nicht, da könnten die Wurzeln zu faulen beginnen!

Ernte: Geerntet werden im späten Herbst, bevor der Boden friert, die Wurzelstöcke. Sie werden im Keller gelagert, und zwar eingegraben in feuchten Sand! Als Behältnis kann man die im Winter ohnehin nicht benötigten Blumenkistchen verwenden.

Verwendung: Am besten pur – fein gerieben zu Geselchtem, zu gekochtem Rind- und Schweinefleisch, kalten Platten, mit Rahm vermischt zu geräucherter Forelle, in warmen Saucen zu Tafelspitz, Fisch in vielen Arten und über das Gemüse beim „Wurzelfleisch" gestreut. Er sollte immer frisch gerieben verwendet werden, damit er weder seine Farbe noch seine Schärfe verliert. Zu warmen Gerichten kommt er erst kurz vor dem Servieren.

Kren

Kresse
Lepidium sativum

Die Kresse oder „Gartenkresse" ist eine jener Pflanzen, die so rasch wachsen, dass man ihnen beinah zuschauen kann. Nach zwei Tagen brechen die Samen auf, nach zehn Tagen sind die Blättchen so groß, dass sie die richtige Schärfe für die Belegung des Butterbrotes in sich haben.

Kresse ist für die meisten Kinder die erste Pflanze, die sie beim Keimen, Wachsen und Reifen beobachten können. Sie lässt sich nämlich – zu jeder Jahreszeit – in der Keimbox oder im Blumentopf ziehen. Schneidet man die Pflänzchen nicht nach zehn Tagen für den Genuss ab, sondern lässt sie weiterwachsen, kommen kleine weißrosa Blüten und schließlich die Schoten mit den Samen.

Anbau: Im Garten kann man die Kresse aussäen, sobald der Boden ausreichend abgetrocknet ist. Für einen Quadratmeter Kressekultur reichen etwa zehn Gramm Samen. Der Boden sollte feucht sein, weitere Ansprüche stellt die Kresse kaum. Deshalb ist sie auch ein vorzügliches Beikraut zu anderen Kulturen. Im Beet erreichen die einjährigen Pflanzen eine Höhe bis zu einem halben Meter.

Ernte: Geerntet werden zwischen Anfang April und Ende November Blätter und junges Kraut. Weil sich der Bedarf an frischer Kresse immer decken lässt, ist die Konservierung überflüssig.

Verwendung: Kresse passt auf Butterbrote, zu Kräuteraufstrichen, Salaten mit Tomaten, Gurken oder Eiern, zu Blattsalaten, kaltem Braten, gebackenem Fisch, und – erst beim Servieren darübergestreut – zu Gemüsesuppen, Champignons und Spargelpüree.

Kresse

Kreuzkümmel

Cuminum cyminum

Der Kreuzkümmel gehört zu den Doldengewächsen und ist mit Kümmel und Koriander verwandt. Im Gegensatz zum „gewöhnlichen" Kümmel ist er eine einjährige Pflanze und wird nur halb so hoch. Im Kräuterbeet hat er nicht nur wegen seiner Samenkörner seinen unumstrittenen Platz, sondern auch, weil er vielen seltenen Insekten als Futterpflanze dient.

Anbau: Anzucht im Saatbeet ab März. Die jungen Pflanzen im Freiland sollten in einem Abstand von etwa 30 Zentimetern gesetzt werden. Bei der direkten Aussaat ins Freiland ist zu bedenken, dass der Kreuzkümmel ein Lichtkeimer ist und die Samen nur mit einer ganz dünnen Erdschicht bedeckt sein dürfen. Der Kreuzkümmel hat es gerne sonnig und feucht, aber nicht zu nass.

Ernte: Geerntet werden ab Anfang August die Samen. Weil sie leicht ausfallen, sollte man das Kraut in den frühen Morgenstunden schneiden und zum Nachreifen an einem luftigen Ort in Büscheln aufhängen. Unter die Büschel kann man Leintücher auslegen, um die ausfallenden Samen aufzusammeln.

Kreuzkümmel

Verwendung: Der Kreuzkümmel ist in Holland und Dänemark das Käsegewürz schlechthin. Er passt auch zu den meisten Gerichten mit Käse und Käsegebäck, außerdem zu Tomatensalat, Kartoffel- und Erbsensuppe, zu Zwiebelsuppe und Knoblauchsauce bei Fischgerichten. Werden die Körner vor dem Mahlen kurz und heiß – ohne Fett – in einer Gusseisenpfanne angeröstet, wird der Kreuzkümmel noch aromatischer.

Kümmel

Carum carvi

Der Kümmel könnte jenes Kraut sein, welches schon seit längstem die Nahrung des Menschen würzt. Er wächst überall in Mitteleuropa und dürfte gemeinsam mit dem Wildgetreide auf den Speisezettel der nomadisierenden Jäger und Sammler gekommen sein. Er zeichnet sich nicht nur durch seinen Geschmack aus, sondern auch durch seine Hilfe bei der Verdauung: Kümmel wirkt gegen Blähungen und Sodbrennen. Hülsenfrüchte und Sauerkraut werden deshalb mit Kümmel leichter verdaulich.

Anbau: Aussaat im Frühjahr direkt in das Kräuterbeet. Die zweijährige Pflanze wird bis zu einem Meter hoch und braucht dementsprechend Platz: Etwa 30 Zentimeter ist der richtige Abstand für Kümmelpflanzen. Kümmel benötigt guten Gartenboden, volle Sonne und nur mäßig Feuchtigkeit. Er blüht im zweiten Jahr von Juni bis Juli.

Ernte: Geerntet werden die Samen. Weil sie leicht ausfallen, schneidet man am frühen Morgen das taunasse Kraut und hängt es zum Nachreifen der Körner an einem luftigen Ort auf.

Verwendung: Kümmel ist ein unentbehrliches Brotgewürz. Er gehört zur Kartoffelsuppe wie die Kartoffeln und zum warmen Krautsalat sowieso. Außerdem zu Kohlgemüse, Gemüsesuppen, Linsen, Tiroler Gröstl und Bratkartoffeln, zum Schweinebraten, Szegediner Gulasch, zu Speck- und Käsegebäck. Und wer Rhabarbermarmelade einkocht, sollte dabei nicht den Kümmel vergessen.

Kümmel

Liebstöckel

Levisticum officinale

Das „Maggikraut" ist wohl eines der beliebtesten und meistgebrauchten Gewürze in unseren Pfannen und Töpfen. Auch in den Gärten ist die ausdauernde, kräftige und anspruchslose Gewürzpflanze häufiger vertreten als sonst ein Kraut. Man merkt ihren würzigen Duft selbst noch aus einiger Entfernung.

Anbau: Die mehrjährige Pflanze kann direkt ins Beet ausgesät oder im Blumentopf angezüchtet und dann ins Freiland gesetzt werden. Zwei bis drei Pflanzen pro Quadratmeter sind genug, denn das Liebstöckel braucht Platz zum Wachsen. Eine einzige kräftige Pflanze kann einen Durchschnittshaushalt versorgen.

Ernte: Geerntet werden die zarten jungen Blätter. Man kann diese je nach Bedarf abschneiden, denn zwischen Mai und Oktober wachsen sie ohnehin wieder nach. Beim Trocknen verliert Liebstöckel viel von seinem ausgeprägten Aroma. Besser ist deshalb das Einfrieren.

Verwendung: Frisch oder tiefgefroren ist Liebstöckel das klassische Suppengewürz, passt aber auch vorzüglich zu Saucen, Lammfleisch und als Einmachwürze für Essiggemüse und Pilze.

Liebstöckel alias „Maggikraut“

Lorbeer

Laurus nobilis

> Cäsar trug den Kranz aus den würzigen Blättern aus Eitelkeit: Er konnte seine Glatze darunter verstecken. Und die antiken Dichter und Sportler Griechenlands erhielten den Lorbeerkranz als äußeres Zeichen ihres Ruhms. Als Gewürz in der Küche ist der Lorbeer dagegen verhältnismäßig jung. Erst seit etwa 300 Jahren findet man die Lorbeerblätter in Gemüsespeisen und Saucen.

Anbau: Der Lorbeer ist ein kräftiger, immergrüner Strauch, der auch zum Baum anwachsen kann. Er ist sehr wärmebedürftig und sollte daher als Einzelpflanze im Kübel gezogen werden. So kann man ihn bei kühlerem Wetter im Glashaus, Wintergarten oder Wohnzimmer unterbringen.

Ernte: Die Lorbeerblätter können das ganze Jahr über frisch geschnitten werden. Eine Konservierung ist somit nicht nötig.

Verwendung: Lorbeerblätter werden nur gegart verwendet. Das Aroma entfaltet sich erst langsam bei längerem Kochen. Man sollte sie deshalb von Anfang an mitkochen, bei der Verwendung in Marinaden oder in Sauerkraut sollen sie möglichst lange ziehen. Lorbeerblätter gehören in die Beizen für Wild, Rindfleisch und Geflügel sowie in deren Bratensaft, zu eingelegtem Gemüse, zu eingelegtem Schaf- und Ziegenkäse und zu Sauerkraut.

Lorbeer

Majoran

Origanum majorana

> Der volkstümliche Name „Wurstkraut“ sagt schon einiges über die Verwendung dieser stark aromatischen Pflanze aus. Majoran war schon bei den alten Griechen und Römern bekannt. Er stammt aus dem südöstlichen Mittelmeerraum, wo er heute noch wild wächst und bis zu einem halben Meter hoch wird. Als Gartenkraut ist er im Wuchs bescheidener, nicht aber in der Würze.

Anbau: Die Anzucht der einjährigen Pflanze erfolgt im Saatbeet oder Kistchen. Im Kräutergarten brauchen die einzelnen Pflanzen einen Abstand von etwa 25 Zentimetern und so viel Sonne wie nur möglich. Der Boden sollte humusreich und nicht zu feucht sein. Nässe und Kälte verträgt der Majoran nicht. Für Balkonkistchen ist er ein ideales Kräutchen!

Ernte: Kurz vor der Blüte im Hochsommer wird das Kraut eine Handbreit über dem Boden abgeschnitten und im Schatten getrocknet. Majoran behält beim Trocknen seine Würzkraft. Man kann ihn auch einfrieren. Für den Frischverbrauch können die jungen Triebspitzen während der gesamten Wachstumsperiode gepflückt werden.

Verwendung: Die frischen Triebe passen zu Blattsalaten, zu Kartoffel- und Bohnensalat, Brotaufstrichen und zum faschierten Braten. Frisch und getrocknet passt Majoran zu allem Fetten: Seine Gerbstoffe helfen bei der Verdauung fetter Speisen kräftig mit und machen sie bekömmlicher. Für alle Arten von Braten und für Füllungen von Enten und Gänsen ist Majoran das „tragende" Gewürz.

Majoran

Melisse

Melissa officinalis

Man nennt sie auch „Zitronenmelisse" ihres Geschmacks wegen und „Bienenkraut" oder „Honigblatt", weil sie eine der wichtigsten Futterpflanzen für die Bienen ist. Den Namen Melisse hat sie auch nach der römischen Schutzpatronin der Imkerei, der wunderschönen Melissa. Bis der Gebrauch von Zitronensaft und -schale in unseren Küchen Einzug hielt, war es die Melisse, welche das Zitronenaroma lieferte.

Anbau: Die Melisse ist von einer beachtlichen Frohwüchsigkeit. Wo sie einmal Wurzeln geschlagen hat, vermehrt sie sich ungehemmt. Sie braucht dazu einen humusreichen, etwas sandigen Boden und eine warme, nicht zu trockene Lage. Die mehrjährige Pflanze kann im Saatbeet angezüchtet oder bei günstigen Bedingungen direkt ins Freiland gesät werden.

Ernte: Die jungen Blätter und Triebspitzen können nach Bedarf geschnitten werden. Für die Konservierung wird das Kraut vor der Blüte zwischen Juni und August geschnitten und an einem luftigen, schattigen Ort getrocknet. Auch beim Einfrieren bleibt das Aroma der Melisse erhalten.

Melisse

Verwendung: Melisse passt zu Gurken-, Kartoffel- und Eiersalat, zu allen Arten von Kräutertopfen und zu Kräutermayonnaise, zu Kräuterpilzgerichten und ganz besonders zu sommerlichen Obstsalaten, Kaltschalen mit Vanillesauce, Milch- und Joghurtmixgetränken, schließlich beim Einkochen zu Erdbeer-, Pfirsich- und Quittenmarmelade.

Minze
Mentha piperata

Von den über 20 bekannten Minzearten wird in erster Linie die Pfefferminze als Gewürz verwendet. Sie hat ein sehr kräftiges Aroma. Die anderen Arten – Krauseminze, Grüne Minze – sehen ähnlich aus und schmecken ähnlich, aber nicht so intensiv wie die Pfefferminze. Die ätherischen Öle, Gerb- und Bitterstoffe der Minze helfen gegen Koliken, Blähungen und Magendrücken.

Anbau: Minze wird am besten durch Staudenteilung im Herbst oder durch das Aussetzen von Pflanzen im Frühjahr bzw. Herbst vermehrt. Sie braucht einen guten Gartenboden, volle Sonne und mäßig Feuchtigkeit. Gegen die manchmal auftretende Krankheit Pilzrost – erkennbar an orangeroten Flechten – hilft das Gießen mit Schachtelhalmbrühe.

Minze

Ernte: Junge Blätter und Triebe zum Frischverbrauch können jeweils bei Bedarf abgeschnitten werden.

Für die Trocknung schneidet man vor der Blüte ab Ende Juni das Kraut und trocknet die abgestreiften Blätter im Schatten. Einfrieren bekommt der Minze nicht.

Verwendung: Die herbfrische Würze der Minze passt zu Obstsalaten, Obsttorten und Milchmixgetränken, in Marinaden für gegrillten Fisch und zu Fischsaucen und -suppen. Die berühmte englische Minzesauce zu Lamm und die Roquefortsauce kommen ohne Minze nicht aus. Und schließlich kann man die getrocknete Minze zum Pfefferminztee aufbrühen.

Mohn
Papaver

Der Schlafmohn ist eine uralte Kulturpflanze und in Karls „Capitulare" angeführt. Weil man aus seinen unreifen Früchten das Opium gewinnen kann, gibt es die Samen für diese Art nicht zu kaufen, hingegen jene für den Klatschmohn und eine Reihe weiterer Mohnsorten. Bis auf die Samen, die in der Küche ihren festen Platz haben, sind alle Teile der Pflanze in verschiedenem Grad giftig.

Anbau: Die meisten Mohnarten sind einjährig und werden ab April direkt ins Beet gesät. Sie brauchen gute Gartenerde, möglichst viel Sonne und mäßig Feuchtigkeit. Obwohl der Mohn eine Wuchshöhe bis zu einem knappen Meter erreicht, kann man ihn recht dicht ansäen. Er wächst auch in höheren Lagen und bei vielen Bergbauernhöfen gehört das Mohnbeet zum Hausgarten.

Ernte: Geerntet werden nach dem Verblühen der Pflanze die Samen aus den trockenen, bräunlichen Kapseln. Sie sollten möglichst kühl, aber nicht gefroren aufbewahrt werden. Trotzdem ist die Haltbarkeit begrenzt, weil der Mohnsamen durch seinen hohen Fettgehalt nach einer gewissen Zeit ranzig werden kann.

Verwendung: Die Mohnsamen sind aus der Mehlspeisenküche nicht wegzudenken: Mohnstrudel, Mohnkipferl, Mohnweckerl, Hefegebäck – um nur einige der bekanntesten Mohngebäckarten zu nennen.

Muskatellersalbei

Salvia sclarea

Vom Salbei gibt es verschiedene Arten, die sich durch charakteristische Merkmale im Aussehen und im Geschmack unterscheiden. Der Muskatellersalbei ist eine zweijährige Art, die im zweiten Jahr prachtvoll blüht und berauschend duftet. Etwas bescheidener in Aussehen und Duft ist die dreiblättrige Art (Bild). Beide sind nicht nur würzig, sondern wirken auch gegen Blähungen, Durchfall, Koliken und Magenschmerzen.

Anbau: Aussaat im Frühjahr direkt ins Beet. Nach dem Aufgehen der Samen muss meist pikiert werden. Muskatellersalbei und dreiblättriger Salbei brauchen einen guten Gartenboden, volle Sonne, aber nur sehr wenig Feuchtigkeit. Sie fühlen sich auch in Kistchen und Töpfen sehr wohl.

Ernte: Die Blätter werden vor der Blüte geerntet und getrocknet. Auch die Blüten können wie die Blätter als Gewürz verwendet werden. Man pflückt sie vorsichtig nach dem Aufblühen und trocknet sie. Schon Walahfrid Strabo empfiehlt den Tee aus den Blüten des Muskatellersalbeis als „Trank von duftender Würze".

Verwendung: Die getrockneten Blätter passen gut zu Wild und Wildgeflügel, Lamm und Aal. Als Würze für Weißwein wird der Muskatellersalbei seit gut tausend Jahren genutzt.

Muskatellersalbei

Oregano

Origanum vulgare

Der aus dem Altgriechischen stammende Name Oregano bedeutet „Freude der Berge" und Plinius empfiehlt ihn den der Völlerei huldigenden Römern bei Überlastung des Magens. In unseren Breiten ist er auch unter den Namen „Dost", „Wilder Majoran" oder „Orangenkraut" bekannt und ein altes Bauerngartenkraut. Die mehrjährige winterharte Pflanze wächst im Garten zu einem stattlichen Busch heran.

Anbau: Nach der Anzucht im Saatbeet brauchen die einzelnen Pflanzen im Kräuterbeet 30 Zentimeter Platz in jede Richtung. Oregano ist anspruchslos, bevorzugt jedoch einen sonnigen, warmen und windgeschützten Standort und nicht zu viel Feuchtigkeit.

Ernte: Geerntet werden während der Blütezeit von Juli bis September die Blätter. Sie werden im Schatten getrocknet und behalten auch im getrockneten Zustand ihre volle Würze. Einfrieren bekommt dem Oregano nicht so sehr.

Verwendung: Oregano ist eines der unkompliziertesten Gewürzkräuter. Sein Aroma entfaltet sich beim frischen Kraut genauso gut wie beim getrockneten, man kann ihn roh oder kurz mitgekocht verwenden, kann ihn mitbacken und mitbraten. Für die Pizza ist er das klassische Gewürz. Auch Tomatensaucen und alle Arten von Kräuterreis, Pasteten, gemischten Salaten und Eintöpfen mit Hülsenfrüchten gewinnen mit Oregano an Charakter.

Oregano

Orangenthymian

Thymus fragrantissimus

Zerreibt man die kleinen, länglichen, silbergrauen Blättchen zwischen den Fingern, so entströmt ihnen ein zarter Orangenduft. Dazu kommt der Geschmack wie beim gewöhnlichen Thymian. Diese Kombination macht den Orangenthymian zu einem außergewöhnlichen Gewürzkraut.

Das strauchartige Gewächs ist mehrjährig und winterhart. Es blüht zwischen Juli und September, die zartrosa Blüten duften genauso nach Orangen wie die Blätter. Bleibt der Orangenthymian in der kalten Jahreszeit im Freien, sollte man ihn mit einem Mantel aus Reisig vor dem schlimmsten Frost schützen. Auf jeden Fall sollte man die Pflanze ab dem Spätsommer mit grobem Sand leicht anhäufeln. Das schafft nicht nur einen „trockenen Kragen" gegen die Winternässe, sondern bringt auch die untersten Triebe zum Bewurzeln.

Anbau: Die Anzucht der Pflanze kann ab Januar bei 10 bis 15 Grad Celsius in Saatschalen oder Kistchen erfolgen. Beim Anpflanzen im Kräuterbeet genügt ein Abstand von etwa 30 Zentimeter für die kleinwüchsigen Büsche. Besonders gut geeignet ist der Orangenthymian für die Topfkultur – egal, ob im Garten oder auf dem Balkon.

Der Orangenthymian mag es heiß und trocken, sein Platz sollte deshalb in der prallen Sonne sein. Der Boden sollte durchlässig, mager und sandig sein. In der Kräuterspirale hat der Orangenthymian seinen idealen Platz im oberen Drittel.

Ernte: Geerntet wird kontinuierlich bis zum Beginn der Blüte das Kraut. Eine regelmäßige Ernte ist auch wichtig, um die Pflanze in einer kompakten Form zu halten, denn ohne ebenjenen regelmäßigen Schnitt wachsen die Zweige des Orangenthymians recht flott in alle Richtungen. Eine Ernte auf Vorrat ist kein Problem, weil der getrocknete Orangenthymian sein Aroma nicht bloß bewahrt — es ist beim getrockneten Kraut sogar intensiver als beim frischen.

Orangenthymian

Verwendung: Die Blätter und jungen Triebe des Orangenthymians passen zu Kartoffeln in jeder Form, zu Salaten, Saucen und Suppen. Der Orangenthymian fördert die Verdauung und passt deshalb auch zu eher fettem Fleisch und zu Pasteten von der üppigen Art. Darüber hinaus ist das Orangenthymian-Gelee ein feiner Rahmen für Nudel- und Kartoffelgerichte.

Paprika

Capsicum annuum

Es gibt eine Reihe verschiedener Gewächse mit würzigen bis höllisch scharfen Früchten, die alle zur Familie der Paprika gehören. Das beginnt beim milden, großen Gemüsepaprika und geht über den Gewürzpaprika und die „Peperoni" bis zu den Chilischoten. Im Garten hat neben dem Gemüsepaprika vor allem der schlanke Gewürzpaprika mit seiner Peperoni-ähnlichen Form seinen Platz.

Anbau: Der Gewürzpaprika stellt höhere Ansprüche hinsichtlich der Wärme als sein größerer Verwandter, der Gemüsepaprika. Am liebsten hat er einen windgeschützten Platz an der südlichen Hauswand. Der Boden sollte locker und nahrhaft sein.

Ernte: Geerntet werden ab August die vollreifen roten Früchte. Man dreht sie vorsichtig an den Stielen von der Pflanze ab und fädelt sie an Schnüren zum Trocknen auf. Im Gegensatz zu Kräutern sollte der Gewürzpaprika an der Sonne getrocknet werden! Man kann die frischen Schoten auch in Essig einlegen und in gut verschließbaren Schraubdeckelgläsern längere Zeit aufbewahren.

Verwendung: Die getrockneten oder eingelegten Schoten passen zu gemischtem Gemüse, Fleisch- und Wurstsalat, Käseplatten, Kräuteraufstrichen, zum Belag von Pizzas und natürlich zu Lammbraten mit Auberginen. Getrocknet sind sie eine Ergänzung zum gemahlenen Paprika in Gulasch und Gulaschsuppe.

Gewürzpaprika

Petersilie

Petroselinum crispum

Universalgewürzkraut – diesen Titel verdient die Petersilie in zweierlei Hinsicht. Einerseits wegen ihrer vielseitigen Gebrauchsmöglichkeiten, andrerseits, weil sie auf der ganzen Welt Verwendung findet. Sobald eine Speise nach Salz verlangt, verträgt sie auch Petersilie.

Anbau: Man kann die Samen im Kistchen oder im Saatbeet anzüchten, aber genauso gut direkt ins Kräuterbeet säen. Die Petersilie ist nicht sehr anspruchsvoll, hält es auch im Halbschatten und an kühleren Plätzen aus, braucht aber einen nahrhaften Boden. Sie ist auch ein ideales Gewürzkraut für das Kistchen auf der Fensterbank. An sich ist die Petersilie eine zweijährige Pflanze. Ihre Wurzeln sind jedoch ein beliebtes Suppengemüse — da bleibt für das zweite Jahr kaum etwas übrig.

Ernte: Geerntet werden die Blätter, sobald die Pflanze kräftig genug ist. Für den Frischverbrauch kann abgeschnitten werden, was benötigt wird. Die Herzblätter sollte man jedoch schonen, damit die Pflanze weiterwachsen kann. Petersilie lässt sich gut einfrieren – entweder in ganzen Stängeln oder bereits kleingehackt und portioniert.

Verwendung: Für Suppen, Saucen, Salate, Faschiertes, Pilze, Semmelknödel, in der Füllung für Huhn, Ente, Gans, über Salate gestreut, in Aufstrichen verrührt, unter Nudelgerichte gemischt ...

Petersilie

Pfirsichsalbei

Salvia jamensis

Der Pfirsichsalbei ist eines jener Gewürzkräuter, das wir der züchterischen Arbeit einiger Generationen von kreativen Gärtnern verdanken. Die Eigenschaften des Gartensalbeis und dazu das intensiv fruchtige Aroma der Blätter und Blüten — das ist eine Einladung, den Pfirsichsalbei für Fruchtsalate, Desserts und für Kräuterteemischungen zu verwenden.
Die buschige, mehrjährige Pflanze wird zwischen 40 und 60 Zentimeter hoch, ist also etwas niedriger als der Gartensalbei. Weil der Pfirsichsalbei einerseits nicht winterhart ist, sich andererseits aber sehr gut als Kübelpflanze eignet, bietet sich für dieses Gewürzkraut die Topfkultur an. So kann man den Pfirsichsalbei den Sommer über im Garten an einen sonnigen Platz stellen und ihn dann in der kalten Jahreszeit zum Überwintern ins Haus holen.
Die Blütezeit des Pfirsichsalbeis ist zwischen Juli und September. Die Blütenfarbe ist meist Lachsrosa, kann aber bis zu einem satten Orangerot variieren.

Anbau: In Saatschalen oder Kistchen kann der Pfirsichsalbei bereits im Februar bei etwa 15 Grad Celsius angesät werden. Ins Freie sollte man die jungen Pflanzen aber erst setzen, wenn keine Frostgefahr mehr besteht. Der Pflanzabstand sollte etwa 40 Zentimeter betragen, denn der Pfirsichsalbei kann eine Höhe von bis zu 60 Zentimetern erreichen und wächst auch entsprechend in die Breite. Der Boden sollte mäßig kalkhaltig, trocken und durchlässig, die Lage warm, sonnig und auf jeden Fall windgeschützt sein.

Ernte: Ab Juni kann man die frischen Blätter des Pfirsichsalbeis ernten. Zieht man die Pflanze in Topfkultur, kann sie fast das ganze Jahr über frische Blätter in die Küche liefern. Die Blätter können getrocknet werden, verlieren dabei aber etwas von ihrem fruchtigen Aroma.

Verwendung: Pfirsichsalbei eignet sich vorzüglich für Obstsalate und Desserts, für Pfirsichsalbei-Butter zu Steaks oder Kalbsleber und für Kräutertee-Mischungen. Etwas größere Blätter kann man auch in Teig backen und zu Pfirsichsorbet servieren!

Pfirsichsalbei

Pimpinelle
Sanguisorba minor

Als „Pimpernell" oder „Kleiner Wiesenknopf" ist dieses hübsche Wiesenkraut in der Volksmedizin von größter Bedeutung. Man verwendete es, um innere und äußere Blutungen zu stillen und den lebensgefährlichen Wundbrand zu verhindern. In der Küche hat es nur als Salatbeigabe Tradition – aber das sagt nichts über seine Verwendungsmöglichkeiten aus!

Anbau: Nach der Anzucht im Saatbeet werden die mehrjährigen Pflanzen in das Kräuterbeet gesetzt, können aber auch direkt ausgesät werden. Acht Pflanzen pro Quadratmeter sind die richtige Dichte für die angewachsene Pimpinelle. Sie braucht die volle Sonne und eher trockenen Boden.

Ernte: Geerntet werden die Blätter vor der Blüte zwischen Juli und Oktober. Erhitzen und Trocknen schadet ihrer Würze, deshalb sollte man sie nur durch Einfrieren konservieren.

Verwendung: Die Blätter der Pimpinelle schmecken leicht herb und ein bisschen nach Gurken. Sie passen zu allen Blattsalaten, zu Kartoffel- und Gurkensalat, zu Mischgemüse, kaltem Braten, marinierten Pilzen und zu Sorbet mit Erdbeeren oder Pfirsich. Die Blätter werden nach dem Hacken in etwas Zitronensaft angerichtet und immer erst dem fertigen Gericht beigegeben.

Pimpinelle

Raute
Ruta graveolens

Seinen volkstümlichen Namen „Weinraute“ hat dieses Gewürzkraut, weil es häufig verwildert an den Terrassen von Weingärten wuchert. Die mehrjährige Pflanze wird über einen halben Meter hoch und bildet zwischen Ende Juni und August Dolden aus zarten gelben Blüten. Ursprünglich stammt sie aus dem Mittelmeerraum, was ihr Wärmebedürfnis erklärt, und war schon in der Antike als Würz- und Heilkraut bekannt. Auch Karl der Große ließ sie anpflanzen und Hildegard von Bingen nahm die Raute als Mittel gegen Verdauungsbeschwerden, Nierenschmerzen und Gicht.

Anbau: Ab Anfang Februar Anzucht in Saatschalen oder Kistchen. Die Temperatur sollte dabei zwischen 18 und 20 Grad Celsius betragen. Etwa ab Anfang April können die Jungpflanzen in das Kräuterbeet gesetzt werden. Sie brauchen einen Pflanzabstand von 40 mal 15 Zentimetern, einen Platz in der vollen Sonne und nur mäßig Feuchtigkeit.

Ernte: Die Blätter und jungen Triebspitzen können schon im späteren Frühjahr je nach Bedarf gepflückt werden. Bei jeder Art von Konservierung verlieren sie ihren Charakter. Man kann die Weinraute deshalb nur frisch verwenden – oder für den Ansatz von Verdauungsschnäpsen und Magenbitter.

Raute

Verwendung: Sparsam dosiert ist die Weinraute eine charaktervolle Würze für die Fülle in Fleisch-, Wurst- und Speckknödeln. Auch Suppen und Saucen kann man sie beigeben.

Rosmarin
Rosmarinus officinalis

Der Duft des bis zu zwei Meter hohen Strauches ist so betörend, dass ihn die römischen Seeleute schon erschnupperten, bevor sie die Küste zu sehen bekamen: Ros marinus, Tau des Meeres, nannten sie ihn. Der Name blieb dem Rosmarin. Und heute wächst er nicht nur an den Küsten des Mittelmeeres, sondern hat bereits jahrhundertelange Tradition als mitteleuropäische Bauerngartenpflanze.

Anbau: Rosmarin ist sehr anspruchslos, braucht aber trotzdem viel Sonne und eher trockene Lagen. In milderen Lagen ist er winterhart. Wer nicht das Risiko eingehen will, ihn abfrieren zu lassen, kann ihn auch in Töpfe, Kübel oder Balkonkistchen setzen.

Ernte: Das ganze Jahr über kann man die jungen Triebspitzen und die nadelartigen Blätter ernten. Bei jüngeren Pflanzen und solchen, die im Topf gezogen werden, sollte man nur so viel an Zweigen abschneiden, wie dem Wachstum der Pflanze zuträglich ist. Rosmarin lässt sich gut trocknen, verliert dabei aber einiges von seinem typischen Aroma.

Verwendung: Ob frisch oder getrocknet — Rosmarin verlangt nach zurückhaltender Dosierung. Im richtigen Maß ist er eine vorzügliche Würze zu Kalbfleisch- und Leberpastete, Hühnerleber, Kartoffelsuppe, Rindsrouladen und zu Lammbraten. Er passt gut zu eingelegtem Schafs- und Ziegenkäse, zu in Essig eingelegtem Gemüse und auch beim Einkochen von Sauerkirschen-, Marillen- und Erdbeermarmelade macht sich etwas Rosmarin gut.

Rosmarin

Salbei

Salvia officinalis

Der Echte Salbei, Gartensalbei oder Edelsalbei ist ein bis zu 80 Zentimeter hoher Halbstrauch. Charakteristisch sind seine länglichen, gestielten Blätter, die einen etwas runzeligen Eindruck machen. Nicht nur als Gewürz wurde er seit ältester Zeit hochgerühmt, auch als Heilpflanze. „Wie kann ein Mensch sterben, in dessen Garten Salbei wächst?", lautet ein medizinischer Merkvers aus dem 13. Jahrhundert.

Anbau: Die Anzucht in Saatschalen oder Kistchen kann bereits Anfang Februar erfolgen, die Temperatur sollte dabei zwischen 10 und 15 Grad Celsius liegen. Ab April werden die Pflanzen ins Kräuterbeet gesetzt. Der ideale Pflanzabstand beträgt 40 mal 15 Zentimeter. Salbei mag trockenen, durchlässigen Boden mit etwas Kalk in warmer, windgeschützter Lage. Er lässt sich auch gut in Töpfen ziehen.

Ernte: Zwischen Anfang Juni und Dezember kann man die frischen Salbeiblätter ernten, bei der Topfkultur meist das ganze Jahr über. Sie können – vor allem für die Verwendung als Tee – im Schatten getrocknet werden, verlieren dabei jedoch einiges von ihrem Aroma.

Verwendung: Salbei passt vorzüglich zu Kartoffelsalat, Bohnensalat, gekochtem Gemüse – vor allem zu Möhren, Kohlrabi und Lauch –, zu Pilzomeletts und in Tomaten-, Knoblauch- und Hühnersuppe. Frische Salbeiblätter kann man in Bierteig herausbacken und, mit Zucker und Zimt bestreut, zu Erdbeersorbet servieren.

Salbei

Sauerampfer

Rumex acetosa

Als „Wiesenampfer" oder „Sauerknöterich" wächst er wild, als Gartensauerampfer hat er seinen Platz im Kräutergarten. Und das schon aus Tradition. Denn zu jener Zeit, als es noch keinen Zitronensaft gab, würzte man stattdessen mit Sauerampfer. Wegen seines hohen Gehalts an Oxalsäure ist er ein vorzügliches Mittel, um Tintenflecken aus Tischtüchern zu entfernen. Aus dem gleichen Grund sollte man nicht zu häufig und zu viel davon essen, auch wenn er sehr reich an Vitamin C ist.

Anbau: Die Aussaat direkt ins Beet kann im Frühling und im Herbst erfolgen. Der Sauerampfer stellt keine großen Ansprüche an seinen Standort, braucht aber feuchten, humushaltigen Boden. Damit sich die Blätter kräftig entwickeln, müssen die Blüten rechtzeitig ausgebrochen werden.

Ernte: Geerntet werden nur die jungen, zarten Blätter. Ältere Blätter schmecken sehr bitter. Man sollte bei der Ernte darauf achten, nicht zu viele junge Blätter von einer einzigen Pflanze zu nehmen, um deren Fortbestand nicht zu gefährden.

Verwendung: Sauerampfer kann man nur frisch verwenden. Getrocknete Blätter schmecken nach nichts. Die frischen Blätter kann man wie Spinat kochen; Sauerampfersauce passt gut zu Fisch. Sauerampfer macht sich gut in Frühlings- und Kräutersuppen oder überhaupt als Sauerampfersuppe.

Sauerampfer

Sauerklee

Oxalis acetosella

Mit dem heiligen Patrick, dem Missionar der Iren, ging der Sauerklee in die Geschichte ein: Anhand dieses Würzkräutchens erklärte der Heilige den Kelten mit viel Gefühl die Dreifaltigkeit.
Der Sauerklee wächst in feuchten Wäldern noch wild, ist aber auch im Garten sehr pflegeleicht. Wegen seines hohen Oxalsäuregehalts sollte man bei Herz-, Nieren- oder Rheumaleiden lieber auf ihn verzichten.

Anbau: Aussaat im Frühjahr direkt ins Beet. Sauerklee stellt keine großen Ansprüche an seinen Standort. Allerdings sollte dieser immer feucht und nie zu sonnig sein. Am besten ist ein Platz im Halbschatten.

Ernte: Geerntet werden die frischen Blätter im Frühling vor der Blüte. Man kann Sauerklee zwar einfrieren, die zarten Blättchen werden jedoch nach dem Auftauen lasch und matschig.

Verwendung: Sauerklee ist ein typisches Frühlingskraut – nicht nur im Garten, auch in der Küche! Er passt zu allen Frühlingssalaten, Frühlingskräuteraufstrichen, zu Risotto mit Bärlauch, Petersilie und Champignons, in Gemüse-, Kräuter- und Fischsuppen und in Rahmsaucen zu Fisch.

Sauerklee

Schnittlauch

Allium schoenoprasum

Vereinzelt gibt es noch Bergwiesen, auf denen der Schnittlauch von selber wächst: voller Saft und Kraft und von einem Grün, das den Supermarkt-Schnittlauch als blasses Glashauspflänzchen erscheinen – und natürlich auch schmecken – lässt. Der Mittelweg zwischen diesen beiden Extremen ist die Anzucht des eigenen Schnittlauchs im Kräutergarten, am Rand von Gemüsebeeten oder im Topf auf der Fensterbank.

Anbau: Schnittlauch wird durch Aussaat direkt ins Beet oder in den Topf angezüchtet. Später kann man ihn durch die Teilung alter Stöcke vermehren. Er braucht einen kalkreichen Humusboden und viel Feuchtigkeit. Mit der Sonne nimmt er's nicht so genau: Er gedeiht auch im Halbschatten prächtig.

Ernte: Die langen röhrenförmigen Blätter können mehrmals im Jahr geschnitten werden. Man muss bloß darauf achten, die einzelnen Stöcke nicht zu sehr zu schwächen. Man kann Schnittlauch hacken und einfrieren. Frisch geschnitten ist er jedoch am besten – und aus dem Topf am Fensterbrett auch ganzjährig verfügbar.

Verwendung: Schnittlauch sollte möglichst fein geschnitten werden, damit er sein ganzes Aroma zur Geltung bringen kann. Längeres Kochen verträgt er nicht. Deshalb wird er über die servierte Suppe gestreut. Er passt beinahe zu allen Suppen, besonders aber zu klaren Rindsuppen mit Leberknödeln, Frittaten oder Grießnockerln, zu Eierspeisen, Kräuterbutter und Kräutertopfen und ganz einfach in einer dicken Lage aufs Butterbrot gestreut.

Schnittlauch

Senf

Sinapis alba

Der Weiße Senf ist eigentlich gelb und der echte, bodenständige Gartensenf. Es gibt auch Senfarten, die wesentlich schärfere und sehr dunkle Samenkörner ausbilden.
Der Weiße Senf hat einen sehr hohen Gehalt an Senfölen und diese machen die altehrwürdige Kloster- und Bauerngartenpflanze nicht nur zum Geschmacksträger erster Güte, sondern auch gehaltvoll und gesund.

Anbau: Breitwürfige Aussaat ab Mitte März direkt ins Beet. Der Samen sollte nicht zu stark mit Erde bedeckt sein. Am besten wird er nur mit einem eisernen Gartenrechen „eingerecht". Senf ist anspruchslos, mag aber viel Sonne und wird mit trockenem Boden leichter fertig als mit zu feuchtem.

Ernte: Die ganz jungen Senfblätter der einjährigen Pflanzen können im Frühjahr in angemessener Menge von den Pflanzen geschnitten werden. Die Körner werden geerntet, sobald die Schoten vergilben. Sie müssen sehr gut getrocknet werden, bevor man sie in Schraubdeckelgläsern aufbewahrt.

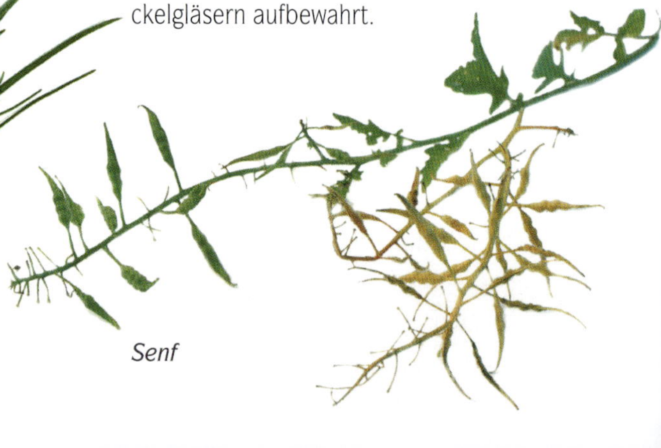

Senf

Verwendung: Die frischen Senfblätter schmecken ähnlich würzig-scharf wie Kresse und lassen sich unter jeden Frühlingssalat mischen. Die getrockneten Senfkörner passen gut zu Rindfleisch, Wild- und Wildgeflügelbeizen. Im Mörser zerrieben, kann man das feine Senfmehl nicht nur für selbstgemachten Senf verwenden, sondern auch zu Salatsaucen, Fischsaucen und für die Senfsauce zu Schweinekoteletts.

Stevia

Stevia rebaudiana

Süße Würze aus dem Kräutergarten

Stevia ist eine der jüngsten Pflanzen in unseren Kräutergärten, eine echte Neuigkeit. Bis in die 1990er Jahre war sie ein Geheimtipp und nur speziell interessierten Kennern ein Begriff. Seither ist Stevia zu einer Trendpflanze geworden und dabei, in unseren Gärten und als Topfpflanze auf Terrassen und Balkonen Einzug zu halten — nicht als neu entdeckte Art, sondern als eine, deren Eigenschaften und Nutzen erst jetzt allgemein bekannt wurden. Dabei ist Stevia in ihrer Heimat, den subtropischen Gebieten Südamerikas, vor allem in Paraguay, seit alters her als „Süßigkeit aus der Natur" bekannt und wird auch entsprechend genutzt.

Die Nutzung der natürlichen Süße der Stevia ist auch einer der Gründe für das Interesse an dieser Pflanze: Sie war nämlich bis vor kurzem in der Europäischen Union und darüber hinaus in vielen anderen Ländern nicht erlaubt. Die EU-Zulassung im November 2011 bezieht sich auch nicht auf die Pflanze oder Pflanzenteile als Lebensmittel oder Zusatzstoff, sondern nur auf den aus der Stevia gewonnenen isolierten Süßstoff Steviosid bzw. die „Steviolglykoside".

So ist aus rechtlichen Gründen der folgende Hinweis angebracht: Alle Hinweise zur Nutzung und zum Verzehr der Pflanze oder von Teilen davon gelten nur für Länder, in denen die entsprechende Zulassung vorliegt oder die Verwendung der Pflanzenteile legal ist.

Aus dem gleichen Grund verkaufen Gärtnereien die Steviapflanzen auch ausschließlich als „Zierpflanzen". So ist den Paragrafen Genüge getan und es liegt ausschließlich an Ihnen selbst, ob Sie der EU ein Mitspracherecht in Ihrem Kräutergarten oder in Ihrer Küche einräumen wollen.

Aber zurück zur Stevia, einer Verwandten der allseits bekannten Astern, auch wenn Kraut, Blüte und die „haarigen" Samen eher an den Löwenzahn erinnern. Jedenfalls ist die „Stevia rebaudiana" die einzige Pflanze ihrer Gattung, deren Blätter intensiv süß schmecken.

Die Vorteile der Süße aus der Stevia sind überzeugend. Zu allererst: Stevia-Süße ist kalorienfrei! Und zweitens: Stevia-Süße ist für Diabetiker unbedenklich.

In Brasilien gelten Tee aus Stevia-Blättern und Stevia-Kapseln sogar als anerkannte Heilmittel zur Behandlung von Diabetes. Doch selbst wenn man diesen Aspekt außer Acht lässt, ist Stevia für Diabetiker das ideale Mittel zum Süßen — ohne schlechtes Gewissen und ohne Angst, seiner Gesundheit zu schaden.

Stevia ist der passende Süßstoff für jede Art von Tee — vom Kräutertee bis zum kräftigen Schwarztee. Man lässt einfach einige Stevia-Blätter mit dem Tee mitziehen. Dabei sollte man bedenken, dass die Süße intensiver wird, wenn man die Blätter zerrupft, bevor man sie mit heißem Wasser übergießt. Natürlich sind für das Süßen des Tees getrocknete Blätter genauso geeignet wie frische.

Anbau: Stevia kann zwar grundsätzlich aus Samen gezogen werden, doch ist deren Keimfähigkeit sehr unterschiedlich. Es scheint deshalb sinnvoller, Jungpflanzen zu kaufen und Stevia dann aus Stecklingen zu vermehren. Dafür spricht auch, dass Pflanzen aus Stecklingen sich schneller und zu größeren und kräftigeren Pflanzen entwickeln als solche, die man aus Samen anzüchtet. Die Stecklinge können grundsätzlich zu jeder Zeit des Jahres von einer kräftigen Mutterpflanze geschnitten werden, sofern sich die Mutterpflanze im Wachstum befindet. Die beste Zeit zum Schneiden von Stecklingen ist jedenfalls das späte Frühjahr, wenn die Pflanze kräftig ausgetrieben hat.

Man schneidet mit einem scharfen Messer – damit die Wachstumsschicht des Stängels nicht ausgefranst wird – einen etwa sechs bis sieben Zentimeter langen kräftigen Trieb ab. Dem Steckling belässt man zwei Blattpaare. Dicht unterhalb des unteren Blattpaares wird mit einer scharfen Klinge ein schräger Schnitt gesetzt. Den Steckling setzt man sodann in feine Anzuchterde oder Substrat, das obere Blattpaar muss jedoch herausschauen.

> Wichtig für ein erfolgreiches Bewurzeln sind nun die weiteren Bedingungen: Viel Licht, hohe Luftfeuchtigkeit und eine Temperatur zwischen 25 und 28 Grad Celsius. Diese Bedingungen erreicht man in einem Zimmergewächshaus oder in einem mit durchlässiger Folie abgedecktem Pflanzgefäß.

Die erfolgreiche Bewurzelung erkennt man nach einigen Wochen an einem frischen, helleren Austrieb.

Stevia kommt aus den Subtropen, braucht also neben Wärme und viel Licht auch einen ausreichend feuchten, aber nicht nassen Boden. Die Pflanze ist mehrjährig, braucht aber zum Überwintern ein warmes Plätzchen, an dem die Temperatur nicht unter 20 Grad Celsius fällt. Weil sich Stevia auch im Topf gut entwickelt, kann man sie von Anfang an als Kübelpflanze ziehen und hat dann im Herbst kein Problem damit, sie vom Garten oder Balkon ins Haus zu übersiedeln.

Ernte: Sobald die Pflanze kräftig ausgetrieben hat, kann man mit der Ernte der Blätter beginnen. Man nimmt bevorzugt die unteren Blätter, weil diese einen höheren Süßstoffgehalt aufweisen. Die Blätter können einige Tage im Kühlschrank aufbewahrt werden. Für längere Lagerung sollte aber aus den Blättern ein Süßstoff-Konzentrat in flüssiger Form gewonnen oder die Blätter getrocknet werden. Den entsprechenden Verfahren ist aber ein eigenes Kapitel gewidmet!

Verwendung: Frische Stevia-Blätter passen gut zu Fruchtsalaten, Desserts und Eiskreationen mit Beeren und Früchten. Man kann auch Stevia-Blätter gemeinsam mit jeder Art von Tee aufbrühen und bekommt so die neutrale

Süße der Stevia direkt in die Teekanne. Meist wird man aber ein Flüssigkonzentrat herstellen oder die Blätter trocknen. Stevia kann zwar anstelle von Zucker verwendet werden, doch ist vor allem bei Bäckereien wie Kuchen oder Torten zu beachten, dass die Kohlenhydrate aus dem Zucker ein wesentlicher Bestandteil der Kuchen- oder Tortenrezepte sind!

Vom süßen Kraut zum Süßstoff

Wer seinen Süßstoffbedarf selbst im Kräutergarten oder im Topf in Form von Steviapflanzen anbaut, wird kaum Wert auf die Gewinnung von reinem Steviosid legen. Nimmt man etwas Kalium, Kalzium, Magnesium, Phosphor und eine Reihe weiterer Spurenelemente als Zugabe in Kauf, so lässt sich die Süße aus der Steviapflanze auf ganz einfache Weise für den Genuss nutzbar machen.

Grundsätzlich gibt es zwei Möglichkeiten, den Süßstoff der Stevia zu nutzen: als **Flüssigkonzentrat** und als **Pulver**.

Flüssiges Süßstoffkonzentrat aus frischen Steviablättern

Eine konzentrierte wässrige Lösung aus Stevia lässt sich rasch und einfach herstellen. Die kurz mit kaltem Wasser abgespülten Steviablätter werden etwas zerkleinert, in einen Topf gegeben und mit Wasser so weit aufgefüllt, dass alle Blätter vollständig bedeckt sind. Nun lässt man das Ganze kurz aufkochen und anschließend auf kleiner Flamme so lange weiterköcheln, bis gut die Hälfte des Wassers verdampft ist. Die verbleibende, dunkelgrüne Flüssigkeit enthält die konzentrierte Süße der Stevia. Sie wird durch ein Sieb abgegossen und nach dem Abkühlen in ein gut verschließbares Glas gefüllt.

Im Kühlschrank ist dieses Flüssigkonzentrat einige Wochen haltbar. Wer größere Mengen dieses Konzentrats herstellt und deshalb auf eine längere Haltbarkeit Wert legt, kann das Konzentrat zu Eiswürfeln frieren und im Tiefkühlfach aufbewahren. Es wird dann immer nur jene Menge an Süßstoffkonzentrat aufgetaut, die über einen bestimmten Zeitraum verbraucht wird.

Stevia-Flüssigkonzentrat – die Herstellung Schritt für Schritt

Die Steviablätter werden gewaschen und von den dickeren Stängeln befreit. Wasser mit Steviablättern im Topf zum Kochen bringen.

Nach dem ersten Aufwallen auf kleiner Flamme weiterköcheln lassen, bis gut die Hälfte des Wassers verdampft ist.

Die verbleibende Flüssigkeit abseihen und …

… nach dem Abkühlen in ein gut verschließbares Glas abfüllen.

Süßstoff aus getrockneten Blättern

Steviablätter können wie die meisten anderen Kräuter an der Luft getrocknet werden. Effektiver ist allerdings die Trocknung in der Mikrowelle. Dazu werden die Blätter auf einem Teller ausgebreitet, wobei man darauf achten sollte, dass möglichst wenige Blätter übereinander zu liegen kommen. Bei niedrigster Leistung wird nun die Zeitschaltuhr des Gerätes auf zwei Minuten eingestellt. Nach diesen zwei Minuten überprüft man den Trocknungsgrad der Blätter. Sie müssen beim Angreifen knistern und sich zwischen den Fingern zu Pulver zerreiben lassen. Sind die Blätter nach zwei Minuten in der Mikrowelle noch nicht in diesem Zustand, lässt man sie für eine weitere Minute bei niedrigster Leistung des Geräts trocknen und überprüft sodann den Trocknungsgrad erneut.

Keinesfalls dürfen ausgetrocknete Blätter zu lange in der eingeschalteten Mikrowelle bleiben, weil sie sich dann entzünden, verbrennen oder verpuffen können.

Sind die Blätter völlig durchgetrocknet, kann man sie zu feinem Pulver zerreiben. Dafür verwendet man am besten einen Mörser aus Stein oder Keramik. Man erhält ein dunkelbraunes Pulver, das man in ein Vorratsglas abfüllt. Weil das Pulver keine Feuchtigkeit enthält, ist es über längere Zeit haltbar.

Für den täglichen Bedarf ist es sinnvoll, kleinere Mengen aus dem Vorratsglas in ein kleineres Behältnis umzufüllen. So vermeidet man, dass sich durch das häufige Öffnen des Vorratsglases die Luftfeuchtigkeit im Steviapulver niederschlägt. Wird das Steviapulver feucht, können sich darin Pilzsporen bilden, die das Pulver verderben.

Mit Stevia gesüßte Rezepte finden Sie auf Seite 122.

Steviapulver – die Herstellung Schritt für Schritt

Die Steviablätter werden so auf einem Teller ausgebreitet, dass möglichst wenige übereinander zu liegen kommen.

Die Trocknung erfolgt auf der niedrigsten Leistungsstufe des Mikrowellengeräts, Zeiteinstellung zwei Minuten.

Nach zwei Minuten überprüft man den Trocknungsgrad. Sind die Blätter noch nicht durchgetrocknet, kommen sie für eine weitere Minute in die Mikrowelle.

Die Trocknung ist abgeschlossen, wenn die Blätter beim Angreifen knistern und sich zwischen den Fingern zu feinem Pulver zerreiben lassen.

Die getrockneten Blätter werden im Mörser zu feinem Pulver zerrieben.

Das Steviapulver wird in ein gut verschließbares Glas abgefüllt.

Thymian

Thymus vulgaris

Als Feldthymian oder Quendel wird er seit ältester Zeit auf den Wiesen gesammelt. Im Mittelmeerraum wächst er zu richtigen Büschen an und verbreitet einen betörenden Duft. Aus beiden Arten entstand der Gartenthymian. Er ist auch in unseren Breiten winterhart und kann auch in kurzen Sommern blühen und Samen werfen.

Anbau: Die Anzucht der mehrjährigen Pflanze erfolgt ab Ende Jänner bei 10 bis 15 Grad Celsius in Saatschalen oder Kistchen. Beim Anpflanzen im Kräuterbeet genügt ein Abstand von etwa 25 Zentimetern für die im Garten kleinwüchsigen Büsche. Thymian braucht trockenen, sandigen und am besten steinigen Boden und volle Sonne. Er lässt sich auch im Topf ziehen.

Ernte: Geerntet wird vor der Blüte ab Mitte Juli das Kraut. Es wird in kleinen Büscheln im Schatten zum Trocknen aufgehängt. Die Würzkraft des getrockneten Thymians ist wesentlich stärker als jene des frischen!

Verwendung: Thymian passt zu allem Gebratenen – er ist jenes Gewürzkraut, das die Verdauung von fetten Speisen am besten fördert. Er harmoniert mit Basilikum, Oregano, Rosmarin und Salbei – auch im Kräuteraufstrich und beim Belag von Pizzas mit Tomaten und Käse.

Thymian

Wacholder

Juniperus communis

Die „Kranewitt-Staude" wächst auf mageren Wiesen und als struppiger Busch bis hinauf in die alpinen Regionen, wo sie sich oft verwegen an Felsen klammert. Im Süden wird sie ein richtiger Baum, hoch und aufrecht wie die Zypressen, mit denen sie verwandt ist. Ihre männlichen Blüten sind gelb, die weiblichen grün. Die Beeren reifen erst im dritten Jahr nach der Bestäubung aus.

Anbau: Wachhoidersträucher können im Garten leicht angepflanzt werden. Sie stellen keine besonderen Ansprüche an den Standort, der Boden sollte allerdings sandig und durchlässig sein.

Ernte: Geerntet werden im Herbst die blaubereiften Beeren. Nach dem sorgfältigen Trocknen werden sie in Schraubdeckelgläsern oder gut verschließbaren Blechdosen aufbewahrt.

Verwendung: Die Wacholderbeeren passen zu Sauerkraut, gekochtem Gemüse und Eintopf, eingelegtem Schaf- und Ziegenkäse und eingelegtem Gemüse wie Gurken, Perlzwiebeln und

Wacholder

Kürbis. Dem Bratensaft von Wild, Fleisch und Geflügel geben Wacholderbeeren eine besondere Note und die zerdrückten Beeren würzen selbstgemachte Wurst, faschierten Braten und Saucen zu Steaks und Wildmedaillons.

Waldmeister

Galium odoratum

Die berühmte Waldmeisterbowle hat eine gut tausendjährige Tradition. Angeblich soll ein Benediktinermönch seinen Wein mit dem Blätterquirl gewürzt und dabei zufällig den „Megadrink" fürs Frühlingserwachen entdeckt haben. Seither kreieren findige Köche Waldmeistercremes und -puddings, Kräuterlimonaden und Liköre. In größeren Mengen ist Waldmeister allerdings giftig.

Anbau: Das Rautengewächs kann ab Jänner in der Saatschale angezüchtet und, sobald der Garten schneefrei ist, ausgepflanzt werden. Waldmeister kommt in schattigen Buchen- und Nadelwäldern in großen Mengen vor. Im Garten braucht er ähnliche Bedingungen wie dort.

Ernte: Zur Schonung der Pflanzen sollten die Blätter erst im zweiten Jahr geerntet werden, und zwar vor der Blütezeit zwischen Ende April und Mitte Mai. Beim Trocknen müssen sie häufig gewendet werden. Das charakteristische Aroma entfaltet sich nur bei getrockneten Blättern!

Verwendung: Für die Dosierung von Waldmeister sollte man eine Feinwaage nehmen. Zuviel davon verursacht starke Kopfschmerzen und das dafür verantwortliche Alkaloid Cumarin sollten Schwangere überhaupt meiden. Für die Waldmeisterbowle kann man ein ganzes Sträußchen 20 Minuten in Weißwein ziehen lassen. Für Süßspeisen (Cremes mit Gelatine, Waldmeisterparfait) reicht ein Gramm getrockneter Blätter auf einen Viertelliter Wasser.

Waldmeister

Wermut

Artemisia absinthium

Als substanzgebendes Kraut für Ansatzschnäpse vom Magenbitter bis zum berühmt-berüchtigten Absinth ist Wermut bekannt geworden. Er ist darüber hinaus ein wirkungsvolles Heilkraut, das schon Hildegard von Bingen für eine Salbe gegen Husten, Seitenstechen und Gicht verwendete. In der Küche ist Wermut von geringerer Bedeutung und verlangt wegen seiner Bitterkeit nach gefühlvoller Dosierung. Dann aber hilft er, fette Braten für Leber, Galle und Magen verträglich zu machen.

Anbau: Der Wermut lässt sich aus den Samen auch in mageren Böden ziehen. Man sät ihn ab Ende März ins Anzuchtbeet und pflanzt ihn später aus. Er braucht viel Platz, weil er zu einer imposanten Staude anwachsen kann und duldet keine enge Nachbarschaft zu anderen Pflanzen. Sein Standort sollte sehr sonnig sein, die Feuchtigkeit mäßig.

Ernte: Das Kraut wird vor der Blüte zwischen Mitte Juli und Ende September geschnitten und, zu Büscheln gebunden, an einem luftigen, schattigen Ort zum Trocknen aufgehängt.

Verwendung: Frischer Wermut wird für Ansatzschnäpse, Kräuteressig und Kräuteröl verwendet. Getrocknet und mäßig dosiert passt er in die Bratensauce aller fetten Fleischsorten und in die Füllung von Gänsen und Enten.

Wermut

Ysop

Hyssopus officinalis

Ysop gehört zu den anspruchslosen Küchenkräutern, die auch verwildert vorkommen. Ursprünglich stammt der kleine Busch aus Kleinasien, war aber schon in der Antike im Mittelmeerraum weit verbreitet. In unseren Breiten ist er seit Jahrhunderten ein typisches Bauerngartenkraut.

Anbau: Nach der Anzucht im Saatbeet werden die Pflanzen nicht zu dicht – höchstens acht je Quadratmeter – in das Kräuterbeet gesetzt. Er braucht leichten Boden in sonniger Lage. Häufiges Jäten tut ihm gut. Er wächst auch problemlos im Blumentopf oder Balkonkistchen.

Ernte: Die aromatischen Blätter sitzen an den jungen Triebspitzen. Sie können bei Bedarf gepflückt werden. Für die Trocknung erntet man sie vor der Blüte, die gegen Ende Juni beginnt. Auch das Einfrieren verträgt der Ysop gut.

Ysop

Verwendung: Schon in der Klosterküche würzte der Ysop Suppen, Mischgemüse mit Sellerie und Rohkost. Außerdem passt er frisch, getrocknet oder tiefgefroren zu allem Gegrillten und Gebratenen, in Fisch-, Geflügel- und Gemüsesuppen, zu Champignonreis, Karfiol (Blumenkohl), Kohlrabi, Bohnen und Petersilienkartoffeln. Getrockneter Ysop schmeckt auch als Kräutertee.

Zitronenverbene

Aloysia triphylla

In Duft und Geschmack ähnelt sie der Zitronenmelisse, kam aber erst im 17. Jahrhundert aus Argentinien und Uruguay nach Europa. Sie wurde zuerst in Frankreich und Spanien für die Parfumherstellung genutzt. Bald entdeckte man aber, dass die Zitronenverbene auch Getränke aromatisiert und ein vorzügliches Fischgewürz abgibt. So dauerte es nur kurze Zeit, bis sich die frohwüchsige Pflanze über einen großen Teil Europas ausbreitete. Die mehrjährige Pflanze, die weit über einen Meter hoch werden kann, ist nicht winterhart. Bleibt sie im Freien, braucht sie auf jeden Fall einen sicheren Schutz vor dem Frost. Sicherer ist es allerdings, die Zitronenverbene als Topfpflanze zu ziehen. Sie verliert bis November ihre Blätter, braucht deshalb während der Winterruhe kein Licht und kann im kühlen, aber nicht zu kalten Keller überwintern.

Anbau: Zitronenverbene kann aus Samen gezogen werden, sicherer ist jedoch die vegetative Vermehrung. Den Winter über zieht sich die Pflanze ganz zurück, es bleibt nur ein kahler Stängel. Im späteren Frühling treibt sie aber aus dem Wurzelstock wieder kräftig aus. Pflanzt man die Zitronenverbene in das Beet oder in die Kräuterspirale, muss man ihr einen Platzbedarf von mindestens 40 Zentimetern in jeder Richtung zugestehen. Weil sie nicht winterhart ist und auch im Topf vorzüglich gedeiht, bietet sich als Alternative die Kultur als Kübelpflanze an. Die Zitronenverbene braucht mäßig feuchten Boden ohne Staunässe und einen Platz an der Sonne oder im Halbschatten.

Ernte: Die jungen Blätter und Triebspitzen können nach Bedarf geschnitten werden. Die beste Erntezeit für die Konservierung ist vor der Blüte, doch kann man auch nach der Blüte die Blätter ernten, trocknen und die Stängel dann stark kürzen. Die Blätter lassen sich gut trocknen. Getrocknete Zitronenverbene duftet noch intensiver als frische. Einfrieren der frischen Blätter ist möglich, doch verlieren sie dabei etwas von ihrem Aroma.

Verwendung: Zitronenverbene passt zu allen Arten von Desserts mit Früchten oder Beeren, zu Kräutertopfen und Kräutermayonnaise, zu Milch- und Joghurt-Mixgetränken sowie beim Einkochen zu Erdbeer-, Marillen- und Quittenmarmelade.

Zitronenverbene

Zwergcurry

Helichrysum italicum

Der Currystrauch ist in den Mittelmeerländern, vor allem in Italien, heimisch und wächst dort zu einem meterhohen Busch heran. Sein kleiner Bruder, der Zwergcurry, wird höchstens halb so hoch, hat aber die gleichen Eigenschaften als Gewürzkraut. Die Blätter haben ein feines und dezentes Curry-Aroma mit einem leisen Anklang an Salbei. In Italien wird aus den gelben Blüten des Currystrauchs das heilkräftige Immortellenöl gewonnen. Es darf nur äußerlich verwendet werden, etwa bei Prellungen oder Verrenkungen.

Anbau: Der Zwergcurry ist ein kleiner, mehrjähriger und immergrüner Halbstrauch, der zwischen 20 und 50 Zentimeter hoch wird und einen Durchmesser von bis zu 60 Zentimeter erreicht. Der Stamm wird mit der Zeit holzig und treibt eine Vielzahl von kleinen Zweigen aus, an denen die etwa einen Zentimeter langen Blättchen sitzen.

Der Zwergcurry braucht einen sonnigen Platz, der Boden soll trocken und sandig sein und keinesfalls zur Bildung von Staunässe neigen. In der Kräuterspirale ist der Platz des kleinen Halbstrauches am oberen Ende.

Zwergcurry lässt sich gut aus Samen ziehen. Man sät ihn im Februar in Saatschale oder Kistchen. Bei etwa 20 Grad Celsius keimen die Samen nach etwa drei Wochen. Die Jungpflanzen sollten ihr erstes Jahr in Töpfen gezogen werden und erst im nächsten Frühling in das Freiland gesetzt werden. Sie können aber auch weiterhin in Topfkultur gezogen werden und bereichern so jeden Topf-Kräutergarten auf Balkon oder Terrasse.

Zwergcurry lässt sich auch durch Stecklinge vermehren, die im Sommer vor der Blüte von holzigen Zweigen geschnitten werden. Nach der Blüte kann man den Strauch zurückschneiden und auch bei dieser Gelegenheit Stecklinge gewinnen.

Zwergcurry ist nur bedingt winterhart. Bleibt er den Winter über im Freien, muss er mit Vlies oder Reisig vor zu starkem Frost geschützt werden.

Ernte: Bis zur Blüte, die meist Anfang bis Mitte August einsetzt, können jederzeit frische Zweige geerntet werden. Sobald die Blüte einsetzt, kann das Aroma des frischen Currykrauts einen leicht bitteren Beigeschmack bekommen. Beim getrockneten Kraut verliert sich dieser Beigeschmack, weshalb man das Kraut auch während oder nach der Blüte für die Trocknung ernten kann. Die Zweige des Currystrauchs werden am besten getrocknet, indem man sie zu Büscheln bindet und diese an einem luftigen, schattigen Ort aufhängt.

Zwergcurry

Verwendung: Frische oder getrocknete Zweige würzen Reis-, Fisch-, Fleisch- und Gemüsegerichte. Wer die indische Küche liebt, aber nicht so sehr den intensiven Geschmack des üblichen Curry-Pulvers, bekommt mit dem Zwergcurry einen feinen, dezenten Curry-Geschmack. Die Zweige sollten gegen Ende der Kochzeit des Gerichts etwa eine Viertelstunde mitkochen und werden dann wieder herausgenommen.

Zwiebel

Zwiebel

Allium cepa

Wer will, kann seine Zwiebeln bis zu dreimal im Jahr ernten: Die Säzwiebeln aus dem März sind Ende August, die Steckzwiebeln Mitte Juli reif und die August-Saat Mitte Juni des nächsten Jahres. Das ist auch gut so, denn Zwiebeln braucht die Küche in Mengen. Die Frage, ob sie nun ein Gewürz oder ein Gemüse sind, lassen wir offen. Jedenfalls wirken sie keimtötend und blutreinigend und sie enthalten reichlich die Vitamine B und C.

Anbau: Im März Steck- und Säzwiebeln, im August Säzwiebeln für die Überwinterung. Der Boden sollte leicht und kalkhaltig, die Lage sonnig und warm sein. Zuviel Feuchtigkeit verträgt die Zwiebel nicht.

Ernte: Sobald die Blätter welken und zu vergilben beginnen, werden die Zwiebeln ausgerissen und einige Tage zum Trocknen ausgelegt. Man kann sie bei trockenem Wetter einfach auf dem Beet liegen lassen. Aufbewahrt werden sie an einem luftigen, nicht zu kalten Ort.

Verwendung: Die Zwiebel ist sicher das am häufigsten und in den größten Mengen verwendete Küchengewürz. Außer zu Süßspeisen passt sie eigentlich überall: Vom Salat bis zum Gulasch, vom Röstgemüse bis zur Fischsuppe.

Delikates mit Gewürzkräutern

Kräuteressig

Senf

Kräuterliköre und Kräutergeist

Gewürzweine und Kräuterbowlen

Wozu man die Gewürze aus dem eigenen Kräutergarten in der Küche und im Allgemeinen verwendet, wurde bei den „Kräutersteckbriefen" kurz angeführt. Die Bandbreite ist so groß, dass spezielle Hinweise ausreichend sein sollten.

In diesem Kapitel geht es nicht darum, zu welchen Speisen Gewürzkräuter passen. Hier stehen die Gewürzkräuter selbst im Mittelpunkt. Also: Was kann man mit den Kräutern und aus den Kräutern an feinen Sachen machen?

Kräuteressig

Im Kräuteressig bilden zwei an sich schon wertvolle Geschenke der Natur ein vortreffliches Gespann. Die Aromen und Inhaltsstoffe der Kräuter verbinden sich mit jenen des Essigs. Kräuteressig gibt dem Salatdressing eine besondere Note, ist einfach und ohne übermäßigen Zeitaufwand herzustellen und zudem – mit Kräutern in der Essigflasche – auch noch dekorativ.

Welche Kräuter man für seinen Essig verwendet, hängt von Geschmack und Vorliebe ab. In erster Linie sind dafür jedoch Gewürzkräuter geeignet, die auch sonst in der Küche nicht fehlen sollten. Und wie sonst bei den Gewürzkräutern gilt auch für jene im guten Essig: Nicht nur genussvolle Zutat, sondern auch Arzneimittel!

Ein vortreffliches Gespann: Gewürzkräuter und Essig.

Weißer Kräuteressig

1 Liter Weißweinessig
2 Knoblauchzehen
2 Thymianzweige
1 Zweig Estragon
4 Lorbeerblätter
2 Schalotten
1 frische Peperoni
1 Zweig Minze
1 Zweig Rosmarin
½ Sellerieknolle

Knoblauchzehen und Schalotten schälen und halbieren, Peperoni und Sellerie waschen und klein schneiden. Alle Zutaten in ein Glas geben, mit dem Essig übergießen und das Glas gut verschlossen etwa zwei Wochen an einem warmen Ort stehen lassen. Dann abseihen und in Flaschen füllen. Je ein Zweiglein Minze, Estragon und Rosmarin in der Flasche sieht gut aus und regt den Appetit an!

Roter Kräuteressig

1 Liter Rotweinessig
1 EL frische Petersilie
2 EL frische Basilikumblätter
2 EL frischer Ysop
1 TL Senfkörner
2 EL getrockneter Estragon

Den Ansatz zwei Wochen an einem kühlen Ort stehen lassen.

Kräuter und Senfkörner in einem großen Glas mit dem Essig übergießen und das gut verschlossene Glas zwei Wochen an einem kühlen Ort stehen lassen. Dann abseihen und für den Genuss in kleine Flaschen umfüllen.

Salbeiessig

1 Liter Weißweinessig
Saft einer halben Zitrone
2 Zweige getrockneter Salbei

Salbeizweige und Zitronensaft in ein Glas geben, mit Essig übergießen, das Glas gut verschließen und durchschütteln. Nach drei Wochen an einem kühlen Ort kann der Essig abgegossen und genossen werden.

Wacholderessig

1 Liter Weißweinessig
2 Lorbeerblätter
1 Thymianzweig
2 EL Wacholderbeeren
1 TL Senfkörner

Alle Zutaten in ein Glas geben, mit dem Essig übergießen und gut verschlossen etwa eine Woche lang ruhen lassen. Dann abgießen und in Flaschen füllen.

Dillessig

1 Liter Weißweinessig
1 Knoblauchzehe
1 TL Pfefferkörner
15 Stämmchen frischer Dill
1 TL Senfkörner

Die geschälte Knoblauchzehe und die Pfefferkörner mit dem Essig in einen Topf geben und erhitzen, aber keinesfalls bis zum Kochen. Dill und Senfkörner kommen in ein ausreichend großes Glas und werden mit dem heißen Essig übergossen. Gut verschließen und zwei Wochen an einem kühlen Ort reifen lassen. Dann abseihen und in Flaschen füllen. Ein frischer Dillzweig sollte in der Flasche nicht fehlen!

Melissenessig

1 Liter Apfelessig
1 EL Honig
30 frische Zitronenmelissenblätter

Honig im Apfelessig verrühren und die bereits im Glas befindlichen, zerkleinerten Melissenblätter damit übergießen. Das gut verschlossene Glas etwa fünf Wochen an einem kühlen Ort stehen lassen. Dann abseihen und in Flaschen füllen. Dieser Melissen-Apfelessig ist die Basis für einen erfrischenden und äußerst delikaten Longdrink: Drei Esslöffel davon ins Glas, darin einen Teelöffel Bienenhonig gut verrühren und mit eiskaltem Mineralwasser aufgießen. Besser als jede Supermarktlimonade, vom Wert der Inhaltsstoffe ganz zu schweigen ...

Estragonessig

4 Zweige Estragonkraut oder eine Handvoll Estragonblätter
1 Liter Weißweinessig
2 Schalotten

Die geschälten und halbierten Schalotten werden mit dem Estragon in ein Glas gegeben und mit dem Weißweinessig übergossen. Das gut verschlossene Gefäß lässt man zwei Monate stehen. Dann wird der Essig abgegossen und in eine Flasche gefüllt.

Weil es gut aussieht und das Aroma fördert, stellt man einen frischen Estragonzweig in die Flasche. Er muss jedoch zur Gänze vom Essig bedeckt sein, damit es zu keiner Schimmelbildung kommen kann!

Estragonessig

Kräuterstrauss in Apfelessig

1 Liter Apfelessig
1 Bund Petersilie
10 g Majoran
10 g Oregano
1 Bund Schnittlauch
2 Thymianzweige
2 EL frisches Liebstöckel
eine Prise Salz

Im Ansatzglas grob zerkleinertes frisches Liebstöckel mit den getrockneten und gemahlenen Gewürzen Majoran und Oregano vermengen, eine Prise Salz darüber, Schnittlauch, Petersilie und Thymian darauflegen und mit Essig aufgießen. Das gut verschlossene Glas etwa vier Wochen stehen lassen. Dann abseihen und in Flaschen füllen.

Eine Fülle an Geschmack und dazu noch sehr dekorativ!

Zur Dekoration kann ein mit Küchengarn zum Strauß gebundenes Bukett aus je einem Stämmchen Petersilie, Thymian und Liebstöckel in die Flasche gegeben werden. Wird sie nicht sofort angebraucht, muss der Kräuterstrauß völlig vom Essig bedeckt sein, damit es zu keiner Schimmelbildung kommen kann.

Bei einer Kräuteressig-Kreation dieser Art kann man seiner Fantasie freien Lauf lassen. Es lässt sich an Kräutern kombinieren, was vom Markt oder Garten zu bekommen ist. Allerdings muss man auf eine geschmacklich harmonische Mischung achten — und das ist zum Teil auch Erfahrungssache.

Übrigens:

Kräuterstrauß im Apfelessig, noch dazu in einer hübschen Flasche — das ist ein Mitbringsel zu Einladungen und Partys, ein Geschenk für vielerlei Anlässe, das gewiss gut ankommt!

Basilikum-Zimt-Essig

1 Liter Weißweinessig
4 EL geschnittene Basilikumblätter
5 Zimtstangen, grob zerkleinert
5 Gewürznelken
2 EL Blütenhonig

Der Honig wird im Essig verrührt, bis er sich vollständig aufgelöst hat. Dann werden die anderen Zutaten in ein großes Glas gegeben und mit dem Essig übergossen. Das gut verschlossene Glas für etwa drei Wochen an einen dunklen und kühlen Ort stellen. Dann abseihen und in Flaschen füllen. Dieser Essig ist ein Geheimtipp für würzige Grillsaucen, passt aber wegen seines intensiven Zimtaromas auch gut für süße Kreationen und für Fruchtsalate.

Basilikumessig mit Melisse

1 Liter Apfelessig
je 4 EL grob zerkleinerte Basilikumblätter
und Zitronenmelissenblätter
eine Prise Pfeffer

In einem großen Glas die zerkleinerten Basilikum- und Melissenblätter mit einer Prise Pfeffer bestreuen, mit dem Essig aufgießen, das Glas gut verschließen und etwa fünf Wochen an einem kühlen Ort ruhen lassen. Dann abseihen, in Flaschen füllen und speziell für Fruchtsalatkreationen verwenden!

Rosmarinessig

Rosmarinessig

1 Liter Rotweinessig
5 Rosmarinzweige
1 TL Oregano

Rosmarinzweige und Oregano in ein Glas geben, mit dem Essig übergießen und das gut verschlossene Glas für etwa drei bis vier Wochen an einen kühlen Ort stellen.
Dann abseihen, in Flaschen füllen und speziell für Saucen zu Wild- und Lammgerichten verwenden!

Frühlingsessig

1 Liter Rotweinessig
1 Zwiebel
1 TL grüne Pfefferkörner
1 Knoblauchzehe
2 EL frischer, gehackter Schnittlauch
2 EL frische, gehackte Petersilie
1 EL frischer, gehackter Salbei
1 EL frischer, gehackter Estragon
1 EL frische, gehackte Zitronenmelisse

Zwiebel und Knoblauchzehe schälen und klein schneiden. Zusammen mit den gehackten Kräutern in ein Glas geben, die Pfefferkörner beifügen und mit dem zuvor erhitzten – aber keinesfalls kochenden! – Essig übergießen. Nach einer Woche im gut verschlossenen Glas an einem kühlen Ort ist der frühlingsfrische Essig bereit, abgeseiht, in Flaschen gefüllt und auf frischen Blattsalaten genossen zu werden.

Majoranessig

1 Liter Rotweinessig
1 TL Kümmel
5 EL geschnittene Majoranblätter

Majoranblätter und getrockneten Kümmel (nicht gemahlen!) in ein großes Glas geben und mit dem Essig übergießen. Gut verschlossen etwa sechs Wochen an einem kühlen Ort ziehen lassen. Dann abseihen, in Flaschen füllen und man hat den idealen Würzessig für die Kartoffelsuppe!

Fenchelessig

1 Liter Apfelessig
1 Kaffeetasse Fenchelsamendolden und das fedrige Grün des Fenchels

Der ideale Essig für alle Arten von Fisch!

Fenchelsamendolden und das fedrige Grün in ein großes Glas geben, mit Essig übergießen, gut verschließen und für vier Wochen an einen kühlen Ort stellen. Dann abseihen und in Flaschen füllen. Der Fenchelessig ist wegen seines zarten Anisgeschmacks ideal für alle Arten von Fischgerichten — egal, ob der Fisch gegrillt oder gebacken wird.

Gibt man in eine hübsche Flasche ein Stämmchen Fenchel mit dem zartfedrigen Grün und den Samendolden und übergießt es mit dem Fenchelessig, so hat man auch ein attraktives Geschenk für vielerlei Anlässe!

Minzenessig

1 Liter Obstessig
1 EL Honig
30 frische Pfefferminzblätter

Pfefferminzblätter grob zerkleinern, Honig im Essig vollständig verrühren, Pfefferminze in ein großes Glas geben und mit dem Essig übergießen. Nach fünf Wochen an einem kühlen Ort kann der Minzenessig abgegossen und in Flaschen gefüllt werden. Er passt besonders gut zu frischen Fruchtsalaten!

Senf

Die Senfkörner – es gibt hellgelbe bis dunkelbraune – verleihen dem Senf Charakter und Geschmack. Der Unterschied liegt nicht nur in der Farbe, sondern auch im Aroma und in den Inhaltsstoffen. Seine Schärfe erhält der Senf von einem Enzym namens Myrosinase. Es setzt bei Berührung mit Feuchtigkeit das stechend scharf schmeckende Senföl frei.

Im Weißen Senf – der aus hellgelben Senfkörnern hergestellt wird – findet sich das Senfölglucosid Sinalbin, das zwar geruchlos ist, aber scharf schmeckt. Es zerfällt nicht, bleibt also auch bei langer Lagerung von ungeminderter Schärfe. Der Schwarze Senf enthält dagegen Sinigrin, ein ätherisches Öl, das stark flüchtig ist und scharf riecht. Außerdem enthalten beide Arten von Senfkörnern – geschmacksneutrale – Öle und Proteine.

Weißer Senf behält auch bei langer Lagerung seine Schärfe.

Übrigens:

Selbstgemachter Senf ist immer grobkörniger als Industriesenf – aus dem einfachen Grund, weil Sie mit dem Küchenmixer nicht den feinen Vermahlungsgrad erreichen können wie mit Industriemaschinen. Das ist aber kein Nachteil, sondern nur eine besondere optische Note. Auf den Geschmack hat der Vermahlungsgrad der Senfkörner nämlich keinen Einfluss.

Gelber Senf, brauner Senf und Senfpulver

Weißer Senf

Weisser Senf

¼ Liter Weißweinessig
200 g helle Senfkörner
4 EL Olivenöl
2 EL Salz
100 g brauner Zucker
1 EL Pfefferkörner

Die Senfkörner etwa zwei Stunden in Wasser quellen lassen. Dann herausnehmen, in den Essig geben, kurz aufkochen, Pfefferkörner beigeben und anschließend im Mixer pürieren.

Mit Salz und Zucker würzen, gut durchrühren und erst dann tropfenweise das Öl unterrühren.

Kräutersenf

200 g Senfmehl
4 EL frische, gehackte Estragonblätter
2 EL frischer, gehackter Kerbel
1 EL frisches, gehacktes Basilikum
1 EL frisches, gehacktes Liebstöckel
4 EL brauner Zucker
8 EL Olivenöl
¼ Liter Weißweinessig
eine Prise Salz

Öl unter ständigem Rühren tropfenweise beigeben

Senfmehl mit Wasser anrühren und etwa eine halbe Stunde quellen lassen. Kräuter, Salz und Zucker im Essig kurz aufkochen, Senfmehl einrühren und unter ständigem Rühren tropfenweise das Öl beigeben.

Dijonsenf

400 g gelbe Senfkörner
2 Knoblauchzehen
¼ Liter Wasser
¼ Zwiebel
½ Liter Weißweinessig
2 EL Salz

Essig und Wasser vermischen und die Senfkörner darin zwei Stunden quellen lassen. Salz, würfelig geschnittenes Zwiebelviertel und die Knoblauchzehen beigeben, sodann im Mixer fein pürieren und in Gläser abfüllen.

Muskatsenf

400 g gelbe Senfkörner
¼ Liter trockener Rotwein
2 EL Zucker
¼ Liter Rotweinessig
1 EL Salz
1 Muskatnuss

Essig und Wein vermischen und die Senfkörner darin drei Stunden quellen lassen. Dann die geriebene Muskatnuss, Salz und Zucker beigeben und im Mixer fein pürieren. In einen Topf umfüllen und kurz aufkochen. Noch heiß in Gläser füllen.

Muskatsenf passt gut zu aromatischen Saucen, besonders zu Fischgerichten.

Apfelsenf

200 g gelbe Senfkörner
100 g brauner Zucker
1 kleiner Apfel
1 TL Pfeffer
200 g dunkle Senfkörner
½ Liter Apfelessig
1 EL Salz
1 TL Zimt

Senfkörner vier Stunden im Apfelessig quellen lassen. Kleingeschnittenen Apfel, Zucker, Salz, Pfeffer und Zimt beigeben und im Mixer fein pürieren. In einen Topf umfüllen, unter ständigem Rühren kurz aufkochen und noch heiß in Gläser füllen.

Whiskysenf

400 g gelbe Senfkörner
1/16 Liter Whisky
eine Prise Pfeffer
1 Liter Apfelessig
1 TL Salz

Senfkörner im Essig etwa eine Stunde quellen lassen, dann erhitzen und im Mixer fein pürieren. In eine Schüssel umfüllen, Salz und Pfeffer zugeben und eine halbe Stunde rasten lassen. Anschließend wird der Senf unter langsamer Beigabe des Whiskys kaltgerührt. Zur Lagerung sind Tongefäße am besten geeignet. Der Whiskysenf muss zwei Wochen an einem kühlen, dunklen Ort reifen, bevor er genussfertig ist. Dann allerdings ist er mit seinem zartrauchigen Aroma wahrhaft eine Delikatesse!

Vor der Whiskyzugabe den Senf eine halbe Stunde rasten lassen.

Englischer Senf

Süsser Senf

200 g gelbe Senfkörner
200 g brauner Zucker
50 g Honig
½ Liter Weißweinessig
20 g feingeriebener Kren (Meerrettich)

Die Senfkörner im Essig eine Stunde quellen lassen. Dann Kren (Meerrettich), Zucker und Honig beigeben und im Mixer fein pürieren. In einen Topf umfüllen, langsam bis knapp vor dem Kochen erhitzen und heiß in Gläser füllen.

Englischer Senf

300 g gelbe Senfkörner
¼ Liter Weißweinessig
2 EL Balsamessig
¼ Liter Wasser
2 TL Salz
2 TL Pfeffer
2 EL Zucker
2 EL Sonnenblumenöl
je 2 EL Basilikum, Petersilie, Liebstöckel und Estragon, fein gehackt

Weißweinessig und Wasser vermischen, die Senfkörner darin drei Stunden quellen lassen und anschließend im Mixer fein pürieren. Nochmals drei Stunden quellen lassen, dann Balsamessig, Kräuter, Zucker, Salz und Pfeffer beigeben, gut verrühren und in einem Topf bis knapp vor dem Kochen erhitzen. Während des Abkühlens unter ständigem Rühren tropfenweise das Öl beigeben.

Kräuterliköre und Kräutergeist

In Salerno gelang die erste Destillation des Abendlandes.

Eine Stadt in Süditalien darf sich rühmen, die Geburtsstätte des hochprozentigen Geistes zu sein: Salerno. Dort nämlich gelang die erste Schnapsdestillation des Abendlandes. Das war im Jahr 1050, und genaugenommen war das Produkt kein Schnaps, sondern ein Weinbrand. Als „Aqua ardens“ galt er als Heilmittel. Seine Herstellung war den Ärzten und Apothekern vorbehalten – und natürlich den Mönchen.

Letzteres war günstig für den Klostergeist. Denn die Mönche experimentierten fleißig und brannten den heilkräftigen Alkohol bald nicht mehr aus Wein oder Treber, sondern aus den Früchten des Baumgartens, aus Beeren und zerriebenen Kräutern sowie Wurzeln. Im fertigen Brand setzten sie ebenfalls Kräuter an und stellten damit die ersten (bekannten) Kräuterliköre her.

Die verschiedenen Arten von „Klostergeist" und Kräuterlikören haben sich nicht umsonst einen legendären Ruf erworben. Denn sie sind kein Genussmittel im üblichen Sinn, obwohl sie gut schmecken. Sie sind Medizin – im Prinzip nichts anderes als ein alkoholischer Kräuterauszug. Nicht nur Geschmackstoffe, auch ein sehr großer Teil der Wirkstoffe gehen aus den Kräutern in den Alkohol über. Und im Alkohol bleiben sie über lange Zeit erhalten. So sind Genuss und Heilkraft in einer Flasche vereint und es ist nur eine Frage des persönlichen Geschmacks und des gesundheitlichen Bedürfnisses, welche Kräuter aus dem Gewürzkräuterbeet in Weingeist oder Schnaps den selbstgemachten Kräuterlikör liefern. Die Herstellung des eigenen „Kräutergeistes" ist nämlich um nichts komplizierter als jene des Gewürzessigs.

Heilkraft und Genuss sind beim Kräutergeist in einer Flasche vereint.

Übrigens:

Weil einmal von „Kräutergeist" und ein andermal von „Kräuterlikör" die Rede ist – der Unterschied liegt im Zuckergehalt. Verwenden Sie Schnaps und Kräuter und sonst nichts, haben Sie Kräutergeist. Ist Ihnen derselbe nur gesüßt ein Genuss, wird daraus Likör.

Diese Unterscheidung begründet sich nicht traditionell und auch kaum substantiell, sondern bloß juridisch und ist deshalb nur für jene von Bedeutung, die ihre Produkte zum Verkauf anbieten und entsprechend deklarieren müssen. Wer ihn selbst genießt oder an Freunde verschenkt, darf seinen Kräutergeist Likör nennen und umgekehrt.

Das Herstellungsprinzip ist denkbar einfach: Man gibt die Kräuter in eine Flasche, füllt mit Schnaps oder Weingeist auf und lässt den Ansatz ziehen. Nach einer bestimmten Zeit – zwischen zwei Tagen und vier Wochen – seiht man den Kräutergeist ab, gießt ihn eventuell noch durch einen Kaffeefilter und füllt ihn in kleine Flaschen ab. Dann lässt man ihn eine Zeitlang in Ruhe, denn erst die Reifung während der Lagerzeit ergibt den vollen, würzigen und abgerundeten Geschmack.

Die Gerätschaften

für die Herstellung von Kräutergeist finden Sie in jeder Küche: ein großes Nudelsieb, um die Kräuter unter fließendem Wasser kurz und schonend zu waschen; ein feines Sieb und einen Kaffeefilter, um den fertigen Ansatz abzuseihen und anschließend durch den Kaffeefilter von den ganz feinen Kräuterrückständen zu reinigen; und schließlich noch Flaschen – für den Ansatz weithalsige, dickbauchige mit einem Fassungsvermögen von etwa

Die Gerätschaften für die Herstellung von Kräutergeist gibt es in jeder Küche.

zwei Litern oder mehr. Sie müssen gut verschließbar sein, am besten mit einem gut passenden, sauberen Korken. Für das Abfüllen in kleinere Flaschen benötigen Sie noch einen Trichter. Die Flaschen, in denen der fertige Kräutergeist gelagert wird, sollten ebenfalls gut verschließbar sein. Ein Schraubverschluss ist ideal, dunkles Glas kein Nachteil. Bei den kleinen Mengen, in denen der Haushaltsbedarf an Kräutergeist angesetzt und gelagert wird, nimmt man für Letzteres am besten jene Flaschen, aus denen der Alkohol für den Ansatz stammt.

Idealer Aufstellplatz – warm, hell, aber nicht sonnig

Der Alkohol

ist das Lösungsmittel für die Inhaltsstoffe der Kräuter, darüber hinaus aber auch ein Geschmacksträger.

> Wer den „reinen" Geschmack der Kräuter haben will, muss einen geschmacksneutralen Ansatzalkohol verwenden – also Weingeist oder Kornbrand. Obstbrände haben meist einen ausgeprägten Eigengeschmack. Weingeist mit seinem Alkoholgehalt von 70 Prozent laugt die Kräuter stärker aus als Kornbrand mit etwa 40 Prozent Alkohol. Allerdings muss bei Verwendung von Weingeist der fertige Kräutergeist mit destilliertem Wasser auf die doppelte Menge verdünnt werden.

Weingeist oder Kornbrand – das ist eine Frage des Geschmacks.

Man nennt das „die Trinkstärke einstellen" und beim Verdünnungsverhältnis von eins zu eins kommt man auf eine Trinkstärke von etwa 36 bis 38 Prozent Alkohol im fertigen Kräutergeist. Man darf jedoch nicht vergessen, dass Weingeist bei aller Nützlichkeit ein Industrieerzeugnis ist. In der geschmacklichen Harmonie kommt der mit Weingeist angesetzte Kräutergeist jenem aus Kornbrand nur nahe, ohne ihn jedoch zu erreichen. Die in der Folge angeführten Rezepte beziehen sich deshalb vorwiegend auf Kornbrand. Wer Weingeist verwenden will, kann das natürlich tun.

Der Platz

für die Aufstellung des Ansatzes sollte sehr warm sein. In die Sonne muss man die Ansätze nicht stellen, auch wenn das oft empfohlen wird. Sie hat nur den Zweck, die Ansätze stark zu erwärmen. Je wärmer das Lösungsmittel ist, um so mehr kann es an Inhaltsstoffen von den Kräutern aufnehmen. Andrerseits wird beispielsweise Minze beim Ansatz von Pfefferminzlikör durch direkte Sonnenbestrahlung stark ausgebleicht und kann ihr Grün nicht mehr zur Gänze an den Alkohol abgeben. Besser ist es daher, einen warmen Platz in der Wohnung zu wählen: warm, aber nicht im direkten Sonnenlicht. Unsere Großmütter stellten ihre Liköransätze einfach auf den Küchenkasten. Das dürfte auch heute noch ein guter Platz sein. Braucht ein Ansatz Sonne, so ist dieser Umstand bei dem jeweiligen Rezept erwähnt.

Zum Likör wird der Geist

durch Zuckerzusatz. Wer die Harmonie seiner Kräuter im Kornbrand genießen will, bleibt beim Kräutergeist. Wer die Süße beim Genuss liebt, kann mit Kandiszucker nachhelfen. Meist genügen einige wenige Kristalle, die man dem fertigen, gefilterten Kräuterlikör beigibt. Es dauert einige Zeit, bis sie sich aufgelöst haben. Aber wegen der ohnehin nötigen Lagerzeit des Likörs spielt das keine Rolle.

Hinsichtlich des Zuckers ist weniger oft mehr!

Beim Ansatz in Weingeist kann man den Kandiszucker auch in wenig Weißwein – je Liter Weingeist ein 1/8 Liter – aufkochen, abkühlen lassen und in lauwarmem Zustand dem Weingeist beigeben. Erst dann wird der Weingeist über die Kräuter gegossen.

Achtung:

Zuviel Zucker lässt sich später nur noch durch Verdünnen ausgleichen. Und das geht auf Kosten des Geschmacks.

Drei-Kräuter-Geist

21 Salbeiblätter
3 Blütenstände des Korianders
Schale einer halben unbehandelten Zitrone
5 Basilikumblätter
1 Liter Kornbrand

Salbei- und Basilikumblätter, Korianderblüten und die möglichst dünne Schale einer halben Zitrone im Ansatzglas mit dem Kornbrand übergießen, das Glas gut verschließen und den Ansatz vier Wochen bei Zimmertemperatur und ohne Sonnenbestrahlung ziehen lassen. Während dieser Zeit muss er häufig geschüttelt werden. Dann wird er abgeseiht und durch einen Kaffeefilter gegossen, damit die feinen Rückstände der Korianderblüten entfernt werden. In kleine Flaschen abfüllen, gut verschließen und vor dem Genuss mindestens ein halbes Jahr im Keller lagern!

Die Korianderblüten geben dem Drei-Kräuter-Geist die weiche Harmonie, Basilikum und Salbei die geballte Heilkraft. Basilikum regt den Appetit an, wirkt gegen Blähungen und Verdauungsstörungen. Salbei fördert die Fettverdauung und entlastet die Galle.

Kräuterbitter

Für Bitterliköre gibt es jede Menge an Rezepten und jedes einzelne ist – natürlich – ein Geheimrezept.

Allen gemeinsam ist, dass die Ausgewogenheit der Kräutermischung die Harmonie des Geschmacks bestimmt. Dieser Ausgewogenheit wegen sind im folgenden Rezept die Mengen nicht in Blättern oder Stängeln, sondern in Gramm angegeben.

5 g Koriander
2 g Minze
1 g Wermut
1 Liter Weingeist (70 Prozent)
1 Liter guter, trockener Weißwein
5 g Zitronenmelisse
2 g Beifuß
1 g Weinraute
700 g Kandiszucker

Für den Geschmack des Kräuterbitters ist die Ausgewogenheit der Kräutermischung bestimmend.

Die Kräutermischung wird im Ansatzglas mit dem Weingeist übergossen, das Glas gut verschlossen und für zwei Wochen an einen warmen, aber nicht sonnigen Ort gestellt. Dann wird der Kandiszucker in Weißwein aufgekocht und nach dem Abkühlen dem Ansatz beigegeben. Das Glas gut schütteln und sodann weitere drei Tage stehen lassen. Danach wird der Ansatz abgegossen, gefiltert und in Flaschen gefüllt. Der fertige Kräuterbitter braucht mindestens einen Monat Reifezeit an einem kühlen, dunklen Ort, um sein Aroma voll zu entfalten.

Anislikör

6 EL Aniskörner
1 Liter Kornbrand
1 TL Kandiszucker

Die Aniskörner werden im Ansatzglas mit dem Kornbrand übergossen. Das Glas gut verschließen und für drei Wochen an einen Platz mit möglichst viel Sonne stellen. Der Ansatz muss täglich kräftig geschüttelt werden!

Nach drei Wochen wird ein Teelöffel Kandiszucker beigegeben und der Ansatz eine weitere Woche in die Sonne gestellt. Dann wird er abgeseiht, in Flaschen gefüllt und mindestens drei Monate im Keller gelagert. Anislikör muss lichtgeschützt aufbewahrt werden – am besten in einer dunklen Flasche!

Er fördert die Verdauung und hilft gegen Blähungen – besonders nach dem Verzehr von Hülsenfrüchten!

Estragonlikör

3 Estragonzweige
1 TL Kandiszucker
1 Liter Kornbrand
etwas Weißwein

Die Estragonzweige werden in das Ansatzglas gelegt und mit dem Kornbrand übergossen. Anschließend wird der Kandiszucker in einigen Esslöffeln erwärmten Weißweins aufgelöst und dem Ansatz beigegeben. Das gut verschlossene Glas wird für zwei Tage an einen warmen Ort gestellt, sollte aber nicht direkt von der Sonne beschienen werden. Der Ansatz hat nach zwei Tagen eine zart hellgrüne Farbe. Er wird abgegossen und in Flaschen gefüllt. Eine Lagerzeit von mindestens zwei Wochen lässt den Estragonlikör an Aroma und Geschmacksharmonie gewinnen.

Estragon wirkt appetitanregend und magenstärkend. Der Estragonlikör diente in der Klosterapotheke aber auch dazu, Rekonvaleszenten frische Kraft, Ängstlichen und Depressiven jedoch neuen Lebensmut zu geben.

Estragonlikör

Liebstöckellikör

3 frische, junge Liebstöckelzweige
1 Liter Kornbrand
1 TL Kandiszucker
5 EL Weißwein

Die Liebstöckelzweige werden im Ansatzglas mit dem Kornbrand übergossen. Das gut verschlossene Glas wird für drei Tage an einen warmen, aber keinesfalls sonnigen Ort gestellt. Dann wird der – inzwischen grünfarbene – Ansatz abgegossen und mit dem in Weißwein aufgelösten Kandiszucker dezent gesüßt. Nach dem Abfüllen in Flaschen sollte der Liebstöckellikör zumindest drei Wochen im Keller nachreifen. Er regt den Appetit an und fördert die Verdauung.

Wacholdergeist

1 Wacholderzweig
1 Liter Kornbrand
etwa 60 getrocknete Wacholderbeeren

Die im Mörser grob zerstoßenen Wacholderbeeren und der Wacholderzweig werden im Ansatzglas mit dem Kornbrand übergossen. Das gut verschlossene Glas für sechs Wochen an einen warmen, aber nicht sonnigen Ort stellen. Dann den Ansatz abgießen, filtern und in Flaschen füllen.

Der Wacholdergeist muss mindestens ein halbes Jahr im Keller gelagert werden, damit er seine Trinkreife erreicht. Bei ihm gilt: je älter, umso besser!

Waldmeisterlikör

15 Blütenstängel mit je zwei Blattkränzen des Waldmeisters
200 g Kandiszucker
1 Liter Kornbrand
⅛ Liter Weißwein

Der Waldmeisterlikör ist ein Frühlingsbote, der nach Zurückhaltung beim Genuss verlangt.

Für den Waldmeisterlikör nimmt man Pflanzen, deren Blüten noch nicht ganz geöffnet sind. Man schneidet sie unterhalb der zweiten Blattetage ab und verwendet diese Pflanzenteile, ohne sie weiter zu zerkleinern. Sie kommen in das Ansatzglas und werden mit dem Kornbrand übergossen. Das gut verschlossene Glas wird für drei Wochen an einen warmen, aber keinesfalls sonnigen Ort gestellt. Dann wird der Kandiszucker in Weißwein aufgekocht und die Lösung nach dem Abkühlen dem Ansatz beigegeben. Nach weiteren drei Tagen wird abgeseiht und die feinen Blütenreste werden entfernt, indem man den Likör durch einen Kaffeefilter gießt. In Flaschen füllen und mindestens drei Monate im Keller lagern. So lange braucht der Waldmeisterlikör, um sein typisches, zartbitteres Aroma zu entwickeln.

Übrigens:

Ein Zuviel an Waldmeisterlikör führt zu heftigen Kopfschmerzen. Das liegt am Cumarin, das in den Blättern der Pflanze enthalten ist und in größeren Mengen toxisch wirkt!

Melissengeist

30 Blätter Zitronenmelisse
1 Liter Kornbrand

Die schonend gewaschenen und abgetropften Melissenblätter werden im Ansatzglas mit dem Kornbrand übergossen. Das gut verschlossene Glas stellt man für drei Wochen an einen warmen, aber nicht sonnigen Ort. Dann hat der Ansatz eine schöne grüne Färbung, wird abgegossen und in Flaschen gefüllt. Bis zur Trinkreife braucht der Melissengeist mindestens zwei Monate Lagerung im Keller.

Er ist ein vorzüglicher Appetitanreger und schmeckt nicht nur pur, sondern auch mit Mineralwasser verdünnt als Longdrink. Bei Kopfschmerzen wirkt es erleichternd, die Schläfen mit Melissengeist einzureiben.

Kümmellikör

5 EL Kümmelkörner
1 EL Kandiszucker
1 Liter Kornbrand
5 EL Weißwein

Die Kümmelkörner werden im Ansatzglas mit dem Kornbrand übergossen und das gut verschlossene Glas sodann für zwei Wochen an einen sonnigen Platz gestellt. Der Ansatz muss täglich gut durchgeschüttelt werden. Nach zwei Wochen wird der im erwärmten Weißwein aufgelöste Kandiszucker beigegeben und der Ansatz weitere drei Tage in die Sonne gestellt. Dann wird abgeseiht, gefiltert, in Flaschen gefüllt und der Kümmellikör zum Nachreifen mindestens zwei Monate im Keller gelagert. Und: Er sollte in dunkle Flaschen abgefüllt und lichtgeschützt gelagert werden!

Kümmellikör ist ein bewährtes Mittel gegen Blähungen, Koliken und Völlegefühl. Außerdem wurde er schon in der mittelalterlichen Volksmedizin gegen Regelbeschwerden empfohlen: „Kuemmich stillt den frawen ire zeyt“, wie es im Kräuterbuch des Otho von Brunfels heißt.

Kreuzkümmellikör

6 EL Kreuzkümmel
1 Liter Weingeist (70 Prozent)
1,5 Liter trockener Weißwein
700 g Kandiszucker

Der Kreuzkümmel wird in einem dreiviertel Liter Weißwein bis knapp vor dem Kochen erhitzt und dann ins Ansatzglas gegossen. Nach dem Abkühlen wird der Weingeist beigegeben und der Ansatz gut durchgeschüttelt. Er wird für zehn Tage an einen sonnigen Ort gestellt und einmal täglich kräftig geschüttelt. Dann wird er abgeseiht und mit dem in einem dreiviertel Liter Weißwein aufgekochten Kandiszucker vermischt. Die Kandiszucker-Wein-Lösung darf natürlich erst nach dem Abkühlen untergemischt werden! Gut durchmischen, in dunkle Flaschen abfüllen und bis zur Genussreife mindestens zwei Monate im Keller lagern.

Kümmellikör

Pfefferminzlikör

10 große Minzenzweige oder etwa 100 Blätter
1 Liter Weingeist (70 Prozent)
1 Liter trockener Weißwein
10 Blätter Zitronenmelisse
1 EL Korianderkörner
700 g Kandiszucker

Der beliebte Pfefferminzlikör – auch als Longdrink mit Mineralwasser ein Genuss!

Die Minzenzweige oder -blätter, Melissenblätter und Korianderkörner werden in einem etwa drei Liter fassenden Ansatzglas mit dem Weingeist übergossen. Das gut verschlossene Glas wird nun für sechs Wochen an einen warmen, aber nicht sonnigen Ort gestellt und einmal pro Woche kräftig geschüttelt. Nach dieser Zeit wird der Kandiszucker in Weißwein aufgekocht und nach dem Abkühlen dem Ansatz beigegeben. Gut durchschütteln, eine weitere Woche stehenlassen und dann abseihen und in Flaschen füllen. Um die schöne sattgrüne Farbe zu erhalten, sollte der Pfefferminzlikör lichtgeschützt gelagert werden!

Der frische, belebende Pfefferminzlikör schmeckt nicht nur pur, sondern auch mit Mineralwasser verdünnt als Longdrink!

Pfefferminzlikör

Übrigens:

Wer die Kräuter seines Gartens in größerem Ausmaß für die Likörherstellung nutzen will, dem bietet gerade die Minze ein breites Spektrum an Geschmacksrichtungen. Im Gartenfachhandel sind etwa 20 verschiedene Minzensorten erhältlich: von der vertrauten Pfefferminze über die Apfel- und Ananas- bis zur Orangenminze. Sie alle lassen sich zu vorzüglichen Likören verarbeiten!

Pfefferminzgeist

4 große Minzenzweige oder etwa 40 Blätter
1 Liter Kornbrand
1 TL Kandiszucker

Die Minzenzweige oder -blätter werden in einem Ansatzglas mit dem Kornbrand übergossen und ein Teelöffel Kandiszucker beigegeben. Das gut verschlossene Glas wird für drei Wochen an einen warmen Ort gestellt – aber keinesfalls in die Sonne! Nach dieser Zeit hat der Ansatz das charakteristische Pfefferminzgrün, wird abgegossen und in Flaschen gefüllt.

Die Trinkreife stellt sich nach einer Lagerzeit von mindestens zwei Monaten ein. Die schöne grüne Farbe bleibt nur erhalten, wenn der Pfefferminzgeist lichtgeschützt gelagert wird.

Der Pfefferminzgeist wirkt krampflösend, galletreibend und antiseptisch. Durch den hohen Mentholgehalt der Minze schmeckt ihr Geist erfrischend und belebend.

Verveine Citronelle

40 Blätter der Zitronenverbene
1 Liter Weingeist (70 Prozent)
150 g Kristallzucker

Die Blätter der Zitronenverbene werden kurz abgespült – am besten in einem Nudelsieb – und trocken getupft. Dann wird eine Schicht Blätter in ein ausreichend großes Glas gegeben und mit Zucker bestreut. Darauf die nächste Schicht Blätter, mit Zucker bestreuen und so fort. Darüber gießt man den Weingeist, verschließt das Glas und stellt es für etwa drei Wochen an einen warmen, aber nicht sonnigen Platz.

Jede Schicht Blätter wird mit Zucker bestreut.

Schon nach einigen Tagen nimmt der Weingeist eine hellgrüne Färbung an. Diese wird bis zum Ende der Ansatzzeit nur noch geringfügig intensiver. Nach drei Wochen gießt man den Ansatz durch einen Kaffeefilter ab und füllt den Likör in Flaschen. Bis zur Trinkreife sollte er mindestens drei Wochen im kühlen Keller lagern. Dann aber ist dieser klassische französische Likör aus der Zitronenverbene ein exquisiter Genuss!

Basilikumgeist

20 frische Basilikumblätter
Schale einer unbehandelten Zitrone
1 Liter Kornbrand

Die Zitrone wird möglichst dünn geschält. Die Schale kommt zusammen mit den gewaschenen und gut abgetropften Basilikumblättern in das Ansatzglas und wird mit dem Kornbrand übergossen. Drei Wochen sollte der Ansatz gut verschlossen bei Zimmertemperatur ziehen. Er darf nicht der direkten Sonne ausgesetzt werden! Danach sollte er noch zwei Wochen an einem kühlen Ort – am besten im Keller – weiter ziehen. Dann erst wird abgeseiht, wenn nötig, durch einen Kaffeefilter gefiltert und in kleine Flaschen gefüllt.

Der Basilikumgeist wirkt gegen Appetitlosigkeit und Verdauungsstörungen, besonders gegen Blähungen.

Strega verde

40 Blätter d. Zitronenverbene
1 kleine Zimtstange
1 Liter Weingeist (70 Prozent)
1 Liter Wasser
4 Gewürznelken
4 Wacholderbeeren
300 g weißer Kandiszucker

Die abgekühlte Kandiszuckerlösung über den Weingeistansatz gießen.

Blätter der Zitronenverbene, Gewürznelken, Zimtstange und Wacholderbeeren in ein großes Einmachglas (etwa drei Liter) geben und mit dem Weingeist übergießen.

Gut verschließen und eine Woche lang an einem warmen und hellen, aber nicht sonnigen Platz ziehen lassen.

Dann den Kandiszucker in einem Liter Wasser aufkochen und rühren, bis der Zucker vollständig aufgelöst ist. Unter wiederholtem Rühren auf Zimmertemperatur abkühlen lassen und über den Ansatz mit dem Weingeist gießen. Das Glas wieder gut verschließen und den Ansatz eine weitere Woche ziehen lassen.

Dann zuerst durch ein Sieb und ein weiteres Mal durch einen Kaffeefilter abgießen, in Flaschen füllen, diese sorgfältig verschließen und den Likör mindestens zwei Monate im kühlen Keller reifen lassen. Je länger, desto besser – doch das Warten lohnt sich!

Witwenlikör

30 Blätter Zitronenmelisse
1 Thymianzweig
1 Liter Weingeist (70 Prozent)
800 g Kandiszucker
10 Blätter Pfefferminze
20 Kümmelkörner
1,5 Liter trockener Weißwein

Die Melissen- und Minzenblätter werden schonend gewaschen und abgetropft, mit dem Thymianzweig und den Kümmelkörnern in ein etwa drei Liter fassendes Ansatzglas gegeben und mit dem Weingeist übergossen. Das gut verschlossene Glas wird für drei Wochen an einen warmen, aber keinesfalls sonnigen Ort gestellt und jeden zweiten Tag etwas geschüttelt.

Nach dieser Zeit kocht man den Kandiszucker in Weißwein auf und gibt nach dem Abkühlen diese Lösung dem Ansatz bei. Gut durchschütteln und weitere drei Tage stehen lassen, dann abseihen und in Flaschen füllen. Bis zur Trinkreife ist eine Lagerzeit von mindestens zwei Monaten nötig.

Der Witwenlikör hat seinen Namen deswegen, weil er sich bei den „Witwenkränzchen", den Treffen älterer Damen im Wien der vorigen Jahrhundertwende, höchster Beliebtheit erfreute.

Weinrautengeist

7 Stämmchen Weinraute
1 Liter Kornbrand

Die Weinrautenstämmchen mit Blättern und jungen Triebspitzen werden im Ansatzglas mit dem Kornbrand übergossen. Das gut verschlossene Glas stellt man für drei Wochen an einen warmen, aber nicht sonnigen Ort. Dann wird der Ansatz abgegossen und in Flaschen gefüllt. Bis zur Trinkreife braucht der Weinrautengeist mindestens zwei Monate Lagerung im Keller. Er ist ein klassischer Verdauungsschnaps.

Weinrautengeist

Quendelgeist

2 Handvoll Blütenköpfchen Quendel, Feld- oder Gartenthymian
1 Liter Kornbrand

Die Quendelblüten werden in einem Ansatzglas mit dem Kornbrand übergossen und das gut verschlossene Glas für drei Wochen an einen warmen und hellen, aber nicht sonnigen Ort gestellt. Danach wird der Ansatz abgeseiht, durch einen Kaffeefilter gegossen und in Flaschen gefüllt. Nach einer Lagerzeit von mindestens einem Monat im kühlen Keller stellt sich die Trinkreife ein.

Der Quendelgeist tut dem Darm gut, wirkt aber auch erleichternd bei Verkühlungen und Husten. Gegen Letzteren träufelt man ihn auf ein Stück Würfelzucker, das man langsam im Mund zergehen lässt.

Gewürzweine und Kräuterbowlen

Man muss die Gewürzkräuter nicht unbedingt in Hochprozentigem ansetzen und wochen- bis monatelang auf den – dann allerdings einzigartigen – Genuss warten. Es geht auch rascher: für exquisiten Genuss in Gesellschaft in Form der Kräuterbowle und für die Gesundheit mit den Gewürzkräutern im Wein. Für beide Arten sind in der Folge einige Beispiele angeführt. Was den Geschmack betrifft, sind der Fantasie kaum Grenzen gesetzt. Und wenn es um die wohltuende Wirkung der Gewürzkräuter geht: Alle Gewürzkräuter mit frischen, grünen Blättern kann man in Wein aufkochen und auf diese Art eine sanfte Medizin gegen mancherlei Beschwerden gewinnen. Denn alle Gewürzkräuter sind auch Heilkräuter. Die Unterscheidung wird nur durch den Verwendungszweck getroffen.

Herzwein der hl. Hildegard

12 große Petersilienstängel
1 Liter Weißwein
2 EL Weinessig
150 g Honig

Die Petersilie wird in einem Topf mit dem Wein übergossen. Dann fügt man den Weinessig bei und bringt das Ganze zum Kochen. Etwa zehn Minuten leicht wallen lassen, hierauf vom Herd nehmen und abkühlen lassen. Sobald der Wein weniger als 40 Grad Celsius hat, den Honig einrühren und etwa eine halbe Stunde stehen lassen. Dann abseihen und in Flaschen füllen.

Zur Kreislaufstärkung trinkt man täglich ein Schnapsglas, am besten morgens. Ältere Menschen sollten sich nach dem Mittagessen ein zweites Stamperl genehmigen. Der Herzwein ist nicht sehr lange haltbar und sollte deshalb nicht auf Vorrat hergestellt werden.

Waldmeisterbowle

15 Waldmeisterstängel mit je zwei Blattetagen
100 g brauner Zucker oder Rohrzucker
1 Liter trockener Weißwein oder Sekt
¼ Liter Rum

Nur im Mai zu haben und in Maßen zu genießen!

Die sagenhafte Waldmeisterbowle – oder „Maibowle" nach dem einzigen Monat, in dem es sie gibt – hat nur einen einzigen Nachteil: Man darf sich nicht zu viel davon einverleiben.

Tut man's dennoch, bezahlt man den Genuss mit heftigen Kopfschmerzen. Denn der Wirkstoff Cumarin, der sich in den Waldmeisterblättern findet, ist in größeren Mengen giftig!
Aber: Die Dosis macht die Wirkung. In vernünftigen Mengen ist die Waldmeisterbowle ein unvergleichlicher Genuss ohne Nachwirkungen.

Man nimmt für den Ansatz dieser Köstlichkeit nur Pflanzen, die unmittelbar vor dem Aufblühen stehen, und von diesen wiederum die Blütendolde und die ersten beiden Reihen der Blätter. Diese Pflanzenteile kommen in das Bowlengefäß, werden gezuckert und mit dem Rum übergossen. Nach etwa vier Stunden kann man mit gut gekühltem Weißwein oder Sekt zur Waldmeisterbowle aufgießen und sich dem Genuss hingeben.

Pimpinellenwein

3 Ästchen oder 20 Blätter Pimpinelle
1 Liter Weißwein
150 g Honig

Die Pimpinelle wird in einem Topf mit dem Wein übergossen, zum Kochen gebracht und nach zehn Minuten vom Herd genommen. Nach dem Abkühlen auf unter 40 Grad Celsius wird der Honig eingerührt. Man lässt noch eine halbe Stunde nachziehen, dann seiht man den Wein ab und füllt ihn in Flaschen.

Der Pimpinellenwein regt die Gallen-, Leber- und Nierentätigkeit an und kann sogar Blasen- und Nierengrieß zum Abgang bringen. Bei hartnäckigen Erkältungskrankheiten, bei Asthma, Bronchitis und Angina nimmt man anstelle des Krautes oder der Blätter die Wurzel der Pimpinelle. Etwa 100 Gramm werden grob zerkleinert, eine Viertelstunde in einem Liter Wein gesotten und dann abgeseiht. Mit dem lauwarmen Pimpinellenwurzelwein wird vorerst ausgiebig gegurgelt, dann erst wird er geschluckt. Dies ist auch ein zuverlässiges und schnell wirkendes Mittel gegen Heiserkeit!

Rosmarinwein

3 frische Rosmarinzweige
1 Liter trockener Rotwein
100 g Honig

Die Rosmarinzweige werden in einem Topf mit dem Rotwein übergossen. Zum Kochen bringen und auf kleiner Flamme etwa eine Viertelstunde köcheln lassen. Dann vom Herd nehmen und nach dem Abkühlen auf unter 40 Grad Celsius den Honig einrühren. Eine Stunde weiterziehen lassen, dann abseihen und in Flaschen füllen.

Der Rosmarinwein ist ein Stärkungsmittel für „müde Männer"!

Der Rosmarinwein ist wegen der Gerb- und Bitterstoffe des Rosmarins von längerer Haltbarkeit als die anderen Gewürzkräuterweine. Er ist ein Stärkungsmittel in der Rekonvaleszenz, bei Kreislaufschwäche und für ältere Menschen.

In der Volksmedizin heißt es: „Rosmarin bringt die Liebe zum Blüh'n" – und daran ist etwas Wahres. Denn der Rosmarin greift in den Hormonhaushalt ein und macht „müde Männer munter". Dies gilt besonders für die doch sehr hohe Konzentration, in der die Wirkstoffe des Rosmarins in den Wein übergehen.

Frühlingskräuterbowle

30 junge Melissenblätter
20 junge Minzenblätter
20 Blüten der Kapuzinerkresse
1 Liter Cognac oder guter Weinbrand
5 frische, junge Rosmarintriebe
2 Stämmchen Kerbel
200 g brauner Zucker oder Rohrzucker
2 Liter herb-trockener Weißwein oder trockener Sekt

Die Kräuter werden in einem Bowlengefäß mit dem Zucker bedeckt und anschließend mit dem Weinbrand übergossen. Man lässt den Ansatz etwa vier bis fünf Stunden ziehen. Knapp vor dem Servieren wird er mit gut gekühltem Weißwein oder Sekt zur Bowle aufgegossen.

Gewürzkräuter in der Küche

Kräuterwürzige Saucen und Suppen

Kräuterwürzige Schlemmereien

Kräuterwürzige Aufstriche

Kräuterwürzige Kleinigkeiten

Kräuterwürzige Desserts

Gewürzmischungen

Marinaden

Oft nennt man die Gewürzkräuter auch Küchenkräuter, nach ihrem üblichen Verwendungsort und -zweck. Dass man aus Gewürzkräutern mehr machen kann als „nur" eine würzige Sauce zu Fleisch oder Fisch, haben wir im vorigen Kapitel gesehen. Jetzt geht's ans Kochen mit den Kräutern.

Bei den Rezepten ist es normalerweise so: Da gibt es gewichtige Zutaten, die dem Gericht den Namen geben, und die Gewürze und Kräuter spielen eine bescheidene Nebenrolle. Bei den folgenden Rezepten aber spielen die Gewürzkräuter die Hauptrolle: Sie stehen im Mittelpunkt jedes Rezepts. Das ist nur gerecht, zumal sie trotz ihrer immensen Bedeutung für Geschmack und Verträglichkeit der Speisen in Tausenden von Rezepten „bloß als Gewürz" vorkommen!

Schon das Kochen mit Gewürzkräutern ist ein Genuss ganz eigener Art. Wer ihn erlebt hat, will ihn nicht mehr missen. Die Kräuter duften und verbreiten eine Aura von Vitalität und geheimnisvoller Kraft. Es macht einfach Freude, mit ihnen umzugehen. Und es macht noch mehr Freude, die kräuterwürzigen Speisen zu genießen. Vor allem aber: sie sind gesund und schmecken.

Die meisten Gewürzkräuter helfen Salz zu sparen. Das ist in unserem Zeitalter der maßlos versalzenen Speisen nicht ohne Bedeutung.

Außerdem reichern die Gewürzkräuter die Speisen mit ganzen Bündeln von Vitaminen, Mineralstoffen und Wirkstoffkombinationen an. „Eure

Nahrung sei die Medizin!", forderte vor einem halben Jahrtausend der Arzt Paracelsus und ähnlich formulierten es vor ihm alle bedeutenden Naturheiler bis hin zu Hippokrates. Die Gewürzkräuter in der Küche erfüllen diese Forderung auf den Buchstaben genau.

Kräuterwürzige Saucen und Suppen

Kräutersauce mit Artischocken

1 Bund Dill
1 Bund Petersilie
15 Blätter Zitronenmelisse
4 Artischocken
6 EL Weizenkeimöl
1 Schalotte
6 EL Apfelessig
1 Bund Schnittlauch
2 Estragonzweige
1 EL gemahlene Senfkörner
1 Zitrone
1 Tomate
1 hartgekochtes Ei
etwas Salz, Pfeffer und Zucker

Die Artischocken in gesalzenem Wasser mit Zitronensaft kochen

Die Stiele der Artischocken werden am Ansatz abgeschnitten und die Blattspitzen gekürzt. Dann werden sie in Wasser mit Zitronensaft und Salz etwa eine Dreiviertelstunde gekocht. Während die Artischocken kochen, kann man die Kräutersauce zubereiten: Die Schalotte, die Tomate und das hartgekochte Ei in kleine Würfel schneiden und alle Kräuter mit dem Wiegemesser fein hacken. Der Essig wird mit Salz, Pfeffer, Zucker und den gemahlenen Senfkörnern verrührt. Dann gibt man das Öl bei und rührt wiederum gut durch, bevor man Schalotten-, Tomaten- und Eiwürfel sowie die Kräuter untermengt. Die gekochten Artischocken lässt man gut abtropfen und serviert sie mit der Kräutersauce.

Sauerampfersauce mit Eiern

50 g Sauerampfer
5 Stämmchen Petersilie
⅛ Liter Hühnersuppe
8 Eier
1 Zwiebel
40 g Butter
250 g Schlagobers
Salz, Pfeffer, Muskat

Petersilie und Sauerampfer klein hacken. Die Zwiebel in feine Ringe schneiden und in der Butter glasig anrösten. Mit der Hühnersuppe aufgießen und auf die Hälfte einkochen lassen. Schlagobers langsam zugießen und einrühren. Petersilie und Sauerampfer beigeben, mit Salz, Pfeffer und Muskat abschmecken. Die hartgekochten Eier werden halbiert, auf die Teller verteilt und mit der Sauce übergossen.

Kräuterbiskuits in Rindsuppe

1 EL gehackte Petersilie
1 Kaffeelöffel gehackte Minze
3 Eier
2 EL geriebener Emmentaler
1 Liter Rindsuppe
200 g Brokkoli
1 Bund Schnittlauch
1 EL gehackter Kerbel
1 EL gehacktes Liebstöckel
60 g Butter
50 g Mehl
etwas Salz und Pfeffer
200 g junge Erbsen
Fett und Semmelbrösel für die Form

Die Eier in Dotter und Eiklar trennen. Die Dotter mit der Butter schaumig rühren, gehackte Kräuter untermengen und sparsam mit Salz und Pfeffer würzen. Eiklar zu einem sehr steifen Schnee schlagen und auf die Kräuter-Eigelb-Masse geben. Geriebenen Emmentaler mit etwas Mehl vermischen und darüber streuen. Das Ganze langsam und vorsichtig vermengen und in eine befettete und mit Semmelbröseln bestreute Springform füllen. In das kalte Backrohr stellen, auf 200 Grad schalten und knapp eine halbe Stunde backen. Währenddessen die Erbsen und die in kleine Röschen geteilten Brokkoli in der Rindsuppe weichkochen.

Zunächst wird die Suppe auf die Teller verteilt, dann werden die tortenförmig ausgestochenen Stücke des Kräuterbiskuits eingelegt und die Suppe wird vor dem Servieren mit gehacktem Schnittlauch bestreut.

Kräuterbiskuits sind eine schmackhafte Einlage für klare Rindssuppen.

Orangenthymian-Suppe

500 g Karotten
1 Zwiebel
40 frische Blätter vom Orangenthymian (oder 15 getrocknete)
1 EL Butter
150 ml Orangensaft
1 Liter Gemüsefond
4 EL Sauerrahm
Salz, Pfeffer, Muskatnuss

Karotten putzen und in Scheiben schneiden, Zwiebel kleinwürfelig schneiden, Orangenthymianblätter mit dem Wiegemesser fein zerkleinern. In einem großen Topf die Butter erhitzen, Karottenscheiben beigeben und unter häufigem Umrühren etwa zehn Minuten anrösten. Zwiebel beigeben, etwas anrösten, dann mit Orangensaft und Gemüsefond aufgießen. Orangenthymian, Salz, Pfeffer und Muskatnuss beigeben, gut durchrühren und auf kleiner Flamme etwa 20 Minuten kochen lassen. Dann vom Herd nehmen, etwas abkühlen lassen, pürieren, den Sauerrahm unterrühren und servieren.

Spargelcremesuppe mit Zitronenverbenenschaum

1 Zwiebel
1 EL Olivenöl
4 Blätter Kohlrabi
1 Becher Obers (Sahne)
¼ Liter Milch
Salz, Pfeffer, Chilipulver
2 Knoblauchzehen
1 Bund grüner Spargel
400 ml Geflügelfond
20 Blätter der Zitronenverbene
1 TL Soja-Lecithin

Zwiebel und Knoblauch klein schneiden und im Olivenöl glasig anrösten. Den geputzten grünen Spargel in Stücke schneiden, der Zwiebelröstung zugeben und mit dem Geflügelfond aufgießen. Die Kohlrabiblätter klein schneiden und zugeben (sie verleihen der Suppe ein intensives Grün!). Ist alles weich gekocht, wird es püriert. Dann rührt man das Obers unter, würzt mit Salz und Pfeffer und lässt dann die Suppe noch einmal kurz aufkochen.

Für den Zitronenverbenenschaum die Blätter der Zitronenverbe in Milch aufkochen.

Die Blätter der Zitronenverbene werden kurz in der Milch aufgekocht. Dann vom Herd nehmen, etwa zehn Minuten ziehen lassen, abgießen, das Lecithin zugeben und nochmals kurz erhitzen. Dann mit dem Mixer schaumig rühren.

Die Spargelcremesuppe in Tellern anrichten, ausgiebig Zitronenverbenenschaum darauf löffeln, diesen mit etwas Chilipulver bestreuen und die Köstlichkeit servieren!

Brunnenkressesuppe

300 g Brunnenkresse
100 g Doppelrahmkäse
etwas Salz und Pfeffer
1 Liter Rindsuppe
3 EL Schlagobers

Die Blätter von der Brunnenkresse zupfen. Einige davon für das Garnieren der Suppe beiseitelegen, den Rest und die Stiele fein hacken. In einem Topf mit der Rindsuppe aufgießen, zum Kochen bringen, dann den Doppelrahmkäse darin auflösen und verrühren. Mit Schlagobers, Salz und Pfeffer abschmecken und mit Kresseblättern garniert servieren!

Eine kräftige Suppe mit Brunnenkresse schmeckt vorzüglich.

Kräuterwürzige Schlemmereien

Kräutergemüsetopf

1 Handvoll Kerbel
1 Handvoll Sauerampfer
1 Stange Porree (Lauch)
100 g Fisolen (Bohnenschoten)
100 g Karotten
50 g Grieß
30 g Butter
1 Liter Hühnersuppe
1 Handvoll Brunnenkresse
5 Stämmchen Petersilie
1 kleiner Karfiol (Blumenkohl)
100 g Erbsen
50 g Mehl
50 g geriebener Emmentaler
1 Ei
Salz, Pfeffer, Muskat

Butter mit dem geriebenen Emmentaler schaumig rühren, sodann Ei, Salz, Mehl, Grieß und feingehackte Petersilie untermengen. Zu einem glatten Teig verrühren und eine Stunde rasten lassen.

Das Gemüse in der Hühnersuppe zehn Minuten köcheln lassen.

Karotten putzen und würfelig schneiden, Karfiol in Röschen zerteilen, Fisolen einmal durchschneiden, Porree klein schneiden, Erbsen auslösen. In der Hühnersuppe aufkochen und dann das Gemüse etwa zehn Minuten köcheln lassen. Aus dem Teig mit Hilfe zweier Teelöffel Nockerln abstechen und in das kochende Wasser geben. Übrigens: Der Teig klebt an den Teelöffeln nicht fest, wenn man dieselben nach jedem Abstechen in kaltes Wasser taucht! Weitere zehn Minuten kochen, dann die Hitze zurücknehmen, die feingehackten Kräuter einstreuen, mit Salz, Pfeffer und Muskat würzen und vor dem Servieren noch zehn Minuten auf der warmen Herdplatte nachziehen lassen.

Putenroulade mit Kräutern

100 g frische, gemischte Kräuter (Salbei, Estragon, Sauerampfer, Melisse, Petersilie, Pimpinelle)
4 Putenschnitzel
300 g Mozzarella
3 EL Öl
Salz und Pfeffer
20 g Butter
150 g Sauerrahm
1 EL Zitronensaft

Kräuter hacken und in der heißen Butter kurz anschwitzen. Putenschnitzel beidseitig salzen und pfeffern, Mozzarella in Scheiben schneiden, auf die Putenschnitzel legen und mit den Kräutern bedecken. Putenschnitzel einrollen und mit Küchengarn zusammenbinden. Im heißen Öl rundum braun anbraten, dann den Sauerrahm in den Bratensatz rühren, mit Zitronensaft abschmecken und zugedeckt etwa eine Viertelstunde garen. Mit Kartoffeln, Kartoffelkroketten oder Reis servieren.

Brunnenkressegratin

150 g Brunnenkresse
2 Stämmchen Melisse
600 g Dorschfilets
6 Scheiben Toastbrot
3 Eier
2 EL Estragonsenf
Salz und Pfeffer
7 Stämmchen Petersilie
2 Zwiebeln
1 Zitrone
100 g Hamburger Speck
3 EL Schlagobers
150 g Doppelrahmkäse

Zwiebeln, Speck und Toastbrot würfelig schneiden und ohne zusätzliches Fett anrösten. Dorschfilets mit Zitronensaft beträufeln und kurz mitbraten, dann alles gemeinsam durch den Fleischwolf drehen oder im Mixer grob pürieren (die Zwiebel- und Speckwürfel dürfen ganz bleiben). Mit Schlagobers, Eiern und Senf vermischen, mit Salz und Pfeffer dezent abschmecken und auf Alufolie zu einem dicken Fladen auseinanderdrücken.

Blätter von den Kräutern abzupfen, fein hacken und mit dem Doppelrahmkäse vermengen. Auf dem „Dorschfladen" verstreichen. Mit der Alufolie auf ein Backblech legen und in das kalte Backrohr schieben. Auf 200 Grad einschalten und eine Stunde backen. Auf der Alufolie servieren – mit Kartoffelsalat als Beilage!

Als Beilage passt am besten Kartoffelsalat.

Kräuterremoulade mit Forellen

2 Stämmchen Basilikum
2 Stämmchen Estragon
3 Knoblauchzehen
2 Eier
5 EL Joghurt
⅛ Liter Öl
120 g Mehl
Öl zum Fritieren
2 Stämmchen Melisse
2 Stämmchen Pimpinelle
2 Eigelb
1 Zitrone
1 EL Estragonsenf
600 g Forellenfilets
⅛ Liter helles Bier
Salz, Pfeffer

Blätter von den Kräutern abzupfen und klein hacken, Knoblauchzehen zerdrücken. Eigelb mit Senf, Zitronensaft, Salz und Pfeffer verrühren und dann ganz langsam unter ständigem Rühren das Öl beigeben. Mit dem Mixer zu einer Mayonnaise aufschlagen, dann zerdrückte Knoblauchzehen und gehackte Kräuter einrühren.

Das Mehl mit den beiden Eiern, etwas Salz und dem Bier zu einem Teig verrühren. Die Forellenfilets in knapp handbreite Streifen schneiden, salzen und pfeffern, in den Teig tauchen und im heißen Öl der Fritteuse etwa sieben Minuten herausbacken. Mit der Kräuterremoulade servieren. Und wenn eine Beilage sein muss, dann unbedingt Kartoffelsalat!

Basilikum-Forellen

12 Stämmchen Basilikum
4 Stämmchen Petersilie
4 Knoblauchzehen
4 Forellen (je etwa 300 g)
50 g Butter
etwas Salz und Pfeffer
4 Zweige Ysop
2 EL Estragonsenf
4 Zwiebeln
2 unbehandelte Zitronen
¼ Liter trockener Weißwein

Die ausgenommenen Forellen innen und außen gut abwaschen, trockentupfen und mit dem Saft einer Zitrone beträufeln. Basilikum- und Petersilienblättchen abzupfen und die halbe Menge fein hacken. Knoblauchzehen zerdrücken und Zwiebeln klein würfeln. Die gehackten Kräuter und die Hälfte der Zwiebelwürfel mit dem Senf vermengen und damit – gemeinsam mit je einem Ysopzweig und einer zerdrückten Knoblauchzehe – die Forellen füllen. Die zweite Zitrone in feine Scheiben schneiden, in einer großen Pfanne etwas Butter erhitzen und die restlichen Zwiebelwürfel darin glasig anrösten. Mit Wein aufgießen, Zitronenscheiben beigeben und kurz aufkochen. Dann vom Herd nehmen, Forellen einlegen und mit der zweiten Hälfte der Basilikum- und Petersilienblätter bedecken. Die Pfanne mit Alufolie oder gefettetem Pergamentpapier bedecken und in das kalte Backrohr stellen. Auf 200 Grad einschalten und etwa eine halbe Stunde garen.

Zitronenscheiben in heißer Butter erhitzen und die restlichen Zwiebelwürfel darin glasig anrösten.

Seehecht in Kräuterrahm

5 Blätter Ysop
2 Stämmchen Melisse
1 Zwiebel
1 Karotte
600 g Seehechtfilet
2 Becher (500 g) Sauerrahm
5 Stämmchen Petersilie
1 Stämmchen Salbei
1 Stange Porree (Lauch)
30 g Butter
1 Zitrone
Salz, Pfeffer

Zwiebel, Porree und Karotte in feine Scheiben bzw. Ringe schneiden und in Butter anrösten. Danach etwas abkühlen lassen. Blätter von den Kräutern abzupfen, fein hacken und mit dem Sauerrahm verrühren. Seehechtfilets mit Zitronensaft beträufeln, salzen und pfeffern. Nun die angerösteten Zwiebel-, Porree- und Karottenringe mit der flüssigen Butter in eine feuerfeste Form füllen. Die Seehechtfilets darauflegen und mit dem Kräuterrahm übergießen. In das kalte Backrohr stellen, auf 200 Grad einschalten und gut eine halbe Stunde garen. Frisch aus dem Backrohr servieren. Als Beilage passen Petersilienkartoffeln.

Kräuter-Hamburger

4 Zweige Oregano
1 Thymianzweig
5 Stämmchen Dill
500 g gemischtes Faschiertes (Hackfleisch)
Zitronensaft, Salz, Pfeffer
2 Stämmchen Melisse
5 Stämmchen Petersilie
2 Eier
2 altbackene Semmeln
2 Zwiebeln
etwas Milch und Butter

Kräuter abzupfen und fein hacken. Semmeln in etwas lauwarmer Milch einweichen. Zwiebeln kleinwürfelig schneiden und mit den Kräutern in heißer Butter kurz anrösten. Semmeln ausdrücken, würfelig schneiden, mit Zwiebeln, Kräutern, Eiern und Faschiertem vermengen. Mit Salz, Pfeffer und Zitronensaft pikant abschmecken und gut durchkneten. Laibchen formen, auf ein befettetes Backblech legen, in das kalte Backrohr schieben und auf 200 Grad einschalten. 40 Minuten backen und während dieser Zeit mehrmals mit zerlassener Butter bestreichen. Als Beilage passt Kartoffelpüree.

Sehr fein schmecken die Leibchen auch in Brösel gewälzt und in wenig heißem Fett abgebraten.

Kräuterreis

1 Handvoll Kräuter (Oregano, Gundelrebe, Petersilie)
20 g Butter
200 g Naturreis (Langkorn)
3 Knoblauchzehen
Salz

Kräuterreis passt zu vielen Gerichten als Beilage, schmeckt aber auch als vegetarische Hauptspeise vorzüglich.

Knoblauchzehen zerdrücken und in Butter anrösten. Reis dazugeben und unter ständigem Rühren glasig werden lassen, dann mit etwa einem halben Liter Wasser aufgießen. Aufkochen, dann zugedeckt eine halbe Stunde auf kleiner Flamme köcheln lassen. Kräuter fein hacken und unter den Reis mengen. Dezent salzen und noch etwas weitergaren, bis der Reis die gesamte Flüssigkeit aufgenommen hat. Der Kräuterreis passt gut zu allen Arten von gebratenem Fleisch.

Kalbsleber in Pfirsichsalbei-Butter

4 Stück Kalbsleber à 150 g
100 g Butter
Mehl, Salz, Pfeffer
20 Blätter Pfirsichsalbei
Öl zum Braten

Öl in einer Pfanne erhitzen. Die von Haut und Adern befreite Kalbsleber in Mehl wenden und bei mittlerer Hitze auf jeder Seite etwa drei Minuten anbraten. Sie darf innen noch rosa und saftig sein. Erst dann mit Salz und Pfeffer würzen.

Die Leber erst nach dem Anbraten mit Salz und Pfeffer würzen.

Das Bratenöl abgießen. Die Butter zur Kalbsleber in die Pfanne geben, aufschäumen lassen und die in feine Streifen geschnittenen Pfirsichsalbeiblätter darin schwenken. Auf Teller verteilen und mit Spätzle, Butternockerln oder Kroketten servieren.

Petersiliensauce mit Sardellen

2 Handvoll Petersilienblätter
2 Zwiebeln
2 hartgekochte Eier
100 g geriebener Parmesan
Pfeffer und Salz
1 Handvoll Basilikumblätter
2 Sardellenfilets
50 g geriebene Mandeln
⅛ Liter Olivenöl

Petersilie und Basilikum klein hacken. Zwiebeln, Sardellenfilets und hartgekochte Eier kleinwürfelig schneiden. Das Ganze gemeinsam mit den geriebenen Mandeln, Parmesan und dem Olivenöl zu einer dicken Creme verrühren. Mit Salz und Pfeffer fein abschmecken. Passt gut zu Gegrilltem und zu Nudelgerichten, aber auch als Aufstrich auf Weißbrotscheiben.

Salbeizwiebeln

30 Salbeiblätter
4 EL Olivenöl
1 EL Zitronensaft
8 Zwiebeln
1/8 Liter Rindsuppe
Salz und Pfeffer

Zwiebeln in Ringe schneiden und im Olivenöl goldgelb anrösten. Mit Rindsuppe und Zitronensaft aufgießen und mit Salz und Pfeffer abschmecken. Kleingehackte Salbeiblätter einrühren und kochen lassen, bis die Flüssigkeit nur mehr den Boden der Pfanne bedeckt. Die Salbeizwiebeln sind eine delikate Beilage zu gegrilltem Fleisch!

Kräuterforelle

5 Stämmchen Estragon
3 Stämmchen Salbei
2 Stämmchen Majoran
600 g Forellenfilet
⅛ Liter Weißwein
5 Stämmchen Petersilie
3 Stämmchen Pimpinelle
2 Zwiebeln
1 Zitrone
Butter, Salz, Pfeffer

Blätter von den Kräutern zupfen und klein hacken. Etwa die Hälfte davon mit dem Saft der Zitrone vermengen. Forellenfilets in einer flachen Schüssel mit Pfeffer bestreuen und mit dem Kräuter-Zitronensaft-Gemenge bestreichen. Zwei Stunden zugedeckt ziehen lassen, dann die Filets salzen und der Länge nach zusammenschlagen. Eine Auflaufform mit Butter ausstreichen und die Filets einlegen. In einer Pfanne die würfelig geschnittenen Zwiebeln in Butter glasig anrösten, die restlichen Kräuter beigeben und kurz mitrösten, dann das Ganze über die Forellenfilets verteilen. Mit Butterstückchen belegen, den Weißwein am Rand eingießen und die Auflaufform in das kalte Backrohr stellen. Auf 180 Grad schalten und knapp eine halbe Stunde garen. Frisch aus dem Backrohr servieren. Als Beilage passen Salzkartoffeln und als Getränk jener Weißwein, von welchem ein Gläschen in die Auflaufform gegossen wurde.

Die restlichenn Kräuter zu den glasig angerösteten Zwiebeln geben und kurz mitrösten.

Falls es durch die Jahreszeit bedingt keine frischen Kräuter gibt, können Sie selbstverständlich auch getrocknete oder tiefgefrorene verwenden! Das gilt für alle Rezepte in diesem Kapitel!

Huhn mit Kräuterfülle

5 Stämmchen Petersilie
1 Stämmchen Salbei
1 küchenfertiges Huhn
¼ Liter Milch
200 g Hamburger Speck
1 EL Zitronensaft
5 Stämmchen Melisse
1 Stämmchen Basilikum
2 altbackene Semmeln
1 Zwiebel
1 Ei
Salz und Pfeffer

Semmeln würfelig schneiden und für etwa zehn Minuten in der Milch einweichen. Die Hälfte der Speckscheiben und die Zwiebel würfelig schneiden, Kräuter fein hacken. Das Ganze mit den ausgedrückten Semmelwürfeln und dem Ei vermengen, mit Salz, Pfeffer und Zitronensaft abschmecken und damit das Huhn füllen. Die Öffnung mit einem Holzspieß zusammenstecken. Außen wird das Huhn mit Salz und Pfeffer eingerieben und mit den restlichen Speckscheiben belegt. In das kalte Backrohr stellen, auf 200 Grad schalten und 80 Minuten braten. Währenddessen öfters mit zerlassener Butter bestreichen. Mit gemischtem Salat servieren!

Lammschulter mit Minze

1 Lammschulter
1 Tomate
100 g geriebene Mandeln
1 Bund Suppengrün
1 Karotte
1 Lorbeerblatt
Pfeffer und Salz
60 g Minzenblätter
7 Knoblauchzehen
3 EL Olivenöl
1 Petersilienwurzel
1 Zwiebel
½ Liter klare Suppe

Lammschulter entbeinen und der Länge nach so weit einschneiden, dass man sie zum Füllen aufklappen kann. Tomate häuten, entkernen und würfelig schneiden, Minzenblätter fein hacken, Knoblauchzehen zerdrücken.

Die Lammschulter im Einschnitt auseinanderklappen, mit Salz und Pfeffer einreiben und mit Minze, Mandeln und Knoblauch bedecken. Dann einrollen und mit Küchengarn zusammenbinden. Im heißen Öl von allen Seiten anbraten.

Die Lammschulter innen mit Salz und Pfeffer einreiben und danach mit Minze, Mandeln und Knoblauch bedecken.

Suppengrün, Petersilienwurzel, Karotte und Zwiebel klein schneiden und kurz mitbraten. Dann mit der Suppe aufgießen, Tomatenwürfel und Lorbeerblatt beigeben und vom Herd nehmen. Die Pfanne mit Deckel oder Alufolie abdecken und in das kalte Backrohr stellen. Auf 200 Grad schalten und eine Stunde garen. Dann Deckel oder Folie abnehmen und das Fleisch noch eine Viertelstunde bräunen lassen. Mit Brat- oder Salzkartoffeln als Beilage servieren!

Schweinsmedaillons in Estragon

10 Stämmchen Estragon
2 Zwiebeln
1 EL Öl
⅛ Liter Weißwein
Salz und Pfeffer
5 Stämmchen Petersilie
400 g Schweinefilet
20 g Butter
100 g Sauerrahm

In einer Pfanne Öl und Butter erhitzen, Schweinefilet in etwa drei Zentimeter dicke Scheiben schneiden und von jeder Seite drei Minuten anbraten. Mit Salz und Pfeffer bestreuen und warm stellen.

Blätter von Estragon und Petersilie zupfen und klein hacken. Zwiebeln kleinwürfelig schneiden und im Bratenfett der Schweinsmedaillons glasig anbraten. Mit dem Wein aufgießen und etwas einkochen lassen, dann die Kräuter untermischen, Hitze zurücknehmen und den Sauerrahm langsam einrühren. Mit Salz und Pfeffer abschmecken und die Sauce über die auf den Tellern angerichteten Schweinsmedaillons gießen.

Kaninchen in Estragon

1 küchenfertiges Kaninchen
1 Bund Suppengrün
½ Liter trockener Weißwein
1 EL Weinessig
100 Gramm Selchspeck
4 Knoblauchzehen
2 Stangen Sellerie
200 Gramm Tomaten
1 Lorbeerblatt
Salz und Pfeffer
10 Stämmchen Estragon
1 EL Dijonsenf
5 EL Öl
40 Gramm Butter
4 Schalotten
1 Karotte
400 Gramm Champignons
120 Gramm Schlagobers
1 Zitrone

Estragonblätter von den Stielen zupfen und die Stiele fein schneiden, Suppengrün klein schneiden. Wein, Essig, Senf, Estragonstiele und fein gehacktes Suppengrün zu einer Marinade verrühren und die Kaninchenteile darin mindestens drei Stunden ziehen lassen. Dann herausnehmen, trockentupfen. Etwas Öl und Butter erhitzen und den gewürfelten Speck darin glasig anbraten. Restliches Öl beigeben, Kaninchenteile einlegen und rundum anbraten.

Kleingeschnittene Schalotten, zerdrückte Knoblauchzehen, kleingeschnittene Karotte und die in Stücke geschnittenen Selleriestangen beigeben und mitbraten. Mit der Marinade aufgießen und mit Salz und Pfeffer abschmecken.

Mehrmals die Fleischstücke während des Bratens mit Bratensaft übergießen.

Die Hälfte der abgezupften Estragonblätter und das Lorbeerblatt dazugeben, mit Deckel oder Alufolie abdecken und in das kalte Backrohr stellen. Auf 200 Grad einschalten und eine knappe Stunde braten. Während dieser Zeit die Fleischstücke mehrmals mit dem Bratensaft übergießen.

Die Champignons werden geputzt, halbiert und in Butter angebraten. Zitronensaft darüber gießen, in Würfel geschnittene Tomaten unter die Champignons rühren, vom Herd nehmen.

Den Kaninchenbraten kurz aus dem Backrohr nehmen, Champignons und Tomaten dazugeben und für weitere 40 Minuten in das Backrohr stellen. Dann das Schlagobers unter die Sauce rühren und das Kaninchen, mit dem restlichen – feingehackten – Estragon bestreut, servieren.

Als Beilage passen fein angeröstete Polentascheiben!

Kräuterwürzige Aufstriche

Grammelschmalz mit Kräutern

2 Stämmchen Majoran
5 Salbeiblätter
3 Zwiebeln
etwas Salz und Paprikapulver
1 Thymianzweig
500 g Bauchspeck
1 säuerlicher Apfel

Zwiebeln und Bauchspeck kleinwürfelig schneiden. Apfel schälen, entkernen und sehr kleinwürfelig schneiden. Zuerst den Bauchspeck in einer Pfanne anbraten, bis die Speckwürfel glasig sind, dann Zwiebel- und Apfelwürfel beigeben und weiterbraten, bis die Speckwürfel knusprig sind. Die kleingehackten Kräuter untermengen, mit Salz und Paprikapulver behutsam abschmecken, in eine Schüssel füllen und erkalten lassen. Ein Genuss auf frischem, dunklem Bauernbrot!

Kräuterbutter

je 1 EL gehackte Pimpinelle, Petersilie, Oregano, Thymian und Zitronenmelisse
250 g Butter
4 zerdrückte Knoblauchzehen
etwas Salz und Pfeffer

Die Butter an einen warmen Ort stellen, damit sie ganz weich wird. Dann die mit dem zerdrückten Knoblauch vermengten Kräuter unter die Butter rühren, je nach Geschmack mit etwas Salz und Pfeffer abschmecken und glattrühren. Diese Kräuterbutter passt besonders gut zu Buttererdäpfeln und auch als Brotaufstrich. Natürlich können Sie jede beliebige Mischung aus Kräutern für die Kräuterbutter verwenden – der Fantasie setzt nur der Geschmack Grenzen!

Kräuterkäse

5 Thymianzweige
100 g geröstete, fein gehackte Sonnenblumenkerne
50 g Butter
100 g Sauerrahm
1 Stämmchen Basilikum
3 Knoblauchzehen
300 g Frischkäse
100 g geriebener Parmesan
Pfeffer

Thymian und Basilikum fein hacken, Knoblauchzehe zerdrücken. Frischkäse mit zerlassener Butter, geriebenem Parmesan und Sauerrahm verrühren. Gehackte Kräuter, Sonnenblumenkerne und zerdrückten Knoblauch untermengen, mit Pfeffer abschmecken. Ein würziger Aufstrich, besonders für Roggenbrot, mit Variationsmöglichkeiten je nach Kräuterangebot (z.B. Schnittlauch, Petersilie, ...)!

Ein schmackhafter Brotaufstrich: Kräuterkäse

Kräuterwürzige Kleinigkeiten

Sauerampfer-Lasagne

300 g Sauerampferblätter
50 g Pinienkerne
100 g geriebener Parmesan
100 g Schinken
250 g Schlagobers
Salz, Pfeffer, Muskat, Cayennepfeffer
30 g Butter
½ Liter Milch
50 g geriebener Emmentaler
300 g Mozzarella
10 weiße Lasagneblätter
50 g Mehl

Zunächst wird die Sauce zubereitet: Butter erhitzen, Mehl unterrühren und unter ständigem Rühren goldgelb anrösten. Nach und nach die Milch zugießen und dabei kräftig rühren – am besten mit dem Schneebesen, damit sich keine Klümpchen bilden. Zehn Minuten kochen lassen, dann jeweils die Hälfte des geriebenen Parmesans und Emmentalers in die Sauce streuen und durch kräftiges Rühren auflösen. Mit Salz, Pfeffer, Muskat und Cayennepfeffer abschmecken und beiseite stellen.

Sauerampferblätter fein hacken, Schinken in Streifen und Mozzarella in Würfel schneiden. Das Ganze mit dem Schlagobers und den Pinienkernen vermengen und mäßig salzen. In eine Lasagneform etwas Sauce gießen, dann Lasagneblätter und Sauerampferfüllung lagenweise hineingeben. Über das letzte Lasagneblatt kommt der Rest der Sauce, darüber wird die zweite Hälfte des geriebenen Parmesans und Emmentalers gestreut. Die Lasagne in das kalte Backrohr stellen, auf 220 Grad einschalten und etwa 50 Minuten backen. Als Beilage passt Tomatensalat mit Basilikum.

Wer Knoblauchgeschmack mag, verwendet im Frühling statt Sauerampfer Bärlauchblätter.

Kräuterpastete

5 Stämmchen Dill
1 Handvoll Blätter der Zitronenmelisse
150 g Tiefkühl-Blätterteig
500 g Porree
1 Zwiebel
120 g Sauerrahm
Salz, Pfeffer, Mehl, Fett
8 Stämmchen Petersilie
1 Stämmchen Liebstöckel
5 Blätter Gundelrebe
500 g Tomaten
500 g gekochter Schinken
1 EL Öl
1 Eidotter

Kräuter fein hacken. Tomaten häuten, vierteln, entkernen und würfelig schneiden. Porree putzen und in Ringe schneiden. Gekochten Schinken und Zwiebel würfelig schneiden. Zwiebel und Porree im Öl anbraten, Schinken dazugeben und drei Minuten anrösten. Den Sauerrahm zugießen, etwas einkochen lassen und dann die gehackten Kräuter unterrühren. Mit Salz und Pfeffer abschmecken, vom Herd nehmen und in eine gut befettete, feuerfeste Form füllen.

Alle Blätterteigschichten auf einem bemehlten Küchentuch ausrollen. Eine Fläche in der Größe der Backform ausschneiden und über die Kräuter-Schinken-Sauce in der Form legen. Aus dem restlichen Blätterteig kann man beliebige Formen ausstechen und auf die Teigfläche legen. Mit dem verquirlten Eidotter bestreichen und die Form in das kalte Backrohr stellen. Auf 200 Grad einschalten und eine halbe Stunde backen.

Kräutersalat

20 g Sauerampferblätter
10 g Zitronenmelisse
1 Bund Schnittlauch
3 Tomaten
150 g Joghurt
Salz und Pfeffer
20 g Pimpinelle
10 g Kapuzinerkresse
200 g Erbsen
5 hartgekochte Eier
1 TL Estragonsenf

Die Erbsen werden in Salzwasser weich gekocht, die Kräuter gehackt und der Schnittlauch in kleine Röllchen geschnitten. Tomaten waschen, vierteln, entkernen und das Tomatenfleisch würfelig schneiden. Hartgekochte Eier schälen und ebenfalls in Würfel schneiden. Alle Zutaten vermengen. Aus Joghurt und Senf eine Sauce rühren, mit Salz und Pfeffer abschmecken und über die anderen Zutaten gießen. Gut durchmengen und servieren.

Kerbelcreme zu Räucherforelle

1 Stämmchen Petersilie
300 g Räucherforellenfilet
10 g Butter
Salz, Pfeffer
1 Handvoll frische Kerbelblätter
⅛ Liter trockener Weißwein
1 Eigelb

Den abgeseihten, noch heißen Wein mit dem Eigelb schaumig rühren.

Die Blätter der Gewürzkräuter fein hacken, im Wein kurz aufkochen, dann abseihen. Einige Esslöffel vom noch heißen Wein mit dem Eigelb schaumig rühren, mit Salz und Pfeffer abschmecken und die Butter unterschlagen. Cremig rühren, die Gewürzkräuter untermengen und noch einmal gut durchrühren. Zu den kalten Räucherforellenfilets servieren. Dazu passt Weißbrot, das man – je nach Geschmack – auch kurz anrösten kann.

Schinkensalat mit Kräutern

2 Stämmchen Dill
1 Stämmchen Melisse
1 Häuptel Endiviensalat
3 Tomaten
4 hartgekochte Eier
4 EL Weinessig
4 EL Olivenöl
2 Stämmchen Petersilie
1 Stämmchen Basilikum
1 kleine Gurke
3 Karotten
200 g Schinken
1 TL Dijonsenf
Salz, Pfeffer, Schnittlauch

Kräuter fein hacken, Salat zerpflücken, Tomaten vierteln, Karotten schälen und raffeln, hartgekochte Eier, Schinken und Gurke in Würfel schneiden. Auf einer Platte die Salatblätter auslegen und die anderen Zutaten darauf anrichten. Essig mit Salz, Pfeffer, Senf und Olivenöl verrühren, die kleingehackten Kräuter untermengen und über den Salat gießen. Schmeckt besonders gut zu Butterbroten!

Kräuterpolenta

2 Stämmchen Petersilie
1 Stämmchen Basilikum
40 g Butter
1 Thymianzweig
200 g Maisgrieß

Maisgrieß in einem Liter Salzwasser zum Kochen bringen und zugedeckt auf kleiner Flamme eine knappe Stunde ausquellen lassen. Kräuter fein hacken und unter die Polenta mischen. Diese auf ein Backblech streichen und gut eine Viertelstunde trocknen lassen. In Stücke schneiden und in heißer Butter anbraten. Die Kräuterpolenta ist eine vorzügliche Beilage zu Fleisch, passt aber auch zu Pilzsuppen!

Kräuterwürzige Desserts

Feigendessert mit Zitronenverbene

4 große Feigen
3 EL Honig
400 g Joghurt
20 Blätter der Zitronenverbene

Die Feigen waschen und trocken tupfen. Zwei davon in Spalten schneiden, die anderen beiden in kleine Würfel. Joghurt mit Honig und den Feigenwürfeln verrühren. Von den Zitronenverbenenblättern acht für die spätere Garnierung beiseitelegen, die anderen ganz klein schneiden und unter das Joghurt rühren. Die Masse auf vier Dessertschüsseln verteilen, mit Feigenspalten und Zitronenverbenenblättern garnieren und vor dem Servieren im Kühlschrank mindestens zwei Stunden durchziehen lassen.

So hat die Zitronenverbene Zeit, ihren Geschmack an das Joghurt weiterzugeben.

Minzensorbet

30 Minzenblätter
400 g säuerliche Äpfel
½ Liter trockener Weißwein
10 Melissenblätter
70 g Zucker
2 EL Zitronensaft

Die Äpfel werden geschält, geviertelt, entkernt und in kleine Würfel geschnitten. Mit dem Zucker und einem Viertelliter Wein weich kochen. Anschließend im Mixer pürieren und mit dem Zitronensaft und den fein gehackten Minzen- und Melissenblättern vermengen. In eine Schüssel füllen, in das Gefrierfach stellen und viertelstündlich mit dem Schneebesen gut durchrühren, damit sich keine Eiskristalle bilden. Ist das Sorbet gut durchgefroren, wird es portioniert und in Gläser gegeben. Mit dem restlichen – eiskalten! – Weißwein aufgießen und genießen.

Damit sich keine Eiskristalle bilden, viertelstündig mit dem Schneebesen durchrühren.

Minzensorbet ist ein erfrischendes und leichtes Dessert

Pfirsiche in käsiger Creme

4 Pfirsiche
1 Päckchen Vanillezucker
etwa 2 EL Stevia-Flüssigkonzentrat
etwa 16–18 Biskotten (Löffelbiskuits)
400 g Doppelrahm-Frischkäse
250 ml Schlagobers (Sahne)
1 Blatt weiße Gelatine
gehackte Pistazien

Frischkäse, Vanillezucker und Stevia-Flüssigkonzentrat cremig miteinander verrühren. Obers steif schlagen und unter die Frischkäsemasse heben. Gelatine in warmem Wasser auflösen, gut ausdrücken und langsam unter die Frischkäsemasse rühren. In einer Schüssel die Biskotten den Rand entlang nebeneinander aufstellen, dann die käsige Creme einfüllen. Pfirsiche waschen, halbieren, mit der Schnittfläche nach unten auf der käsigen Creme verteilen und mit den gehackten Pistazien bestreuen. Passt als Dessert genauso wie als süße Brotzeit.

Süßer Genuss mit Stevia

Selbst hergestelltes Stevia-Flüssigkonzentrat hat unterschiedlichen Süßstoffgehalt.

Weil Stevia um ein Vielfaches süßer als Zucker ist, verlangt die Bemessung der richtigen Menge neben Fingerspitzengefühl auch die Verkostung. Bei selbst hergestelltem Stevia-Flüssigkonzentrat wird zudem die Konzentration des Süßstoffs unterschiedlich ausfallen, sodass auch aus diesem Grund eine verbindliche Mengenangabe unmöglich ist. Etwas einfacher ist die Dosierung mit Steviapulver. Doch auch hier sollte man auf die Verkostung nicht verzichten.

Die folgenden Rezepte sind beispielhaft. Sie sollen eine Anregung bieten und Sie zu eigenen Kreationen verführen.

Erdbeersoufflé mit Stevia

400 g Erdbeeren
4 Eiweiß
1 gestrichener EL Steviapulver
20 g Speisestärke
1–2 Bananen (je nach Größe)
4 Eigelb
abgeriebene Schale einer halben Zitrone
Butter zum Fetten der Form

Erdbeeren und Bananen pürieren. Eiweiß steif schlagen, Steviapulver, Eigelb, Zitronenschale, Speisestärke und die pürierten Früchte vorsichtig unterheben. In die mit Butter befettete Souffléform füllen. Die Form sollte nur etwas über die Hälfte gefüllt sein, weil das Soufflé beim Backen stark aufgeht!

Im vorgeheizten Backrohr bei 200 Grad etwa 30 Minuten backen. Während dieser Zeit keinesfalls das Backrohr öffnen, weil das Soufflé sonst zusammenfällt. Heiß auf den Tisch und sofort genießen!

Marillenpüree mit Topfencreme

300 g Marillen (Aprikosen)
etwa 2 EL Stevia-Flüssigkonzentrat
1 Pkg. Vanillezucker
1 Blatt weiße Gelatine
250 g Magertopfen (Quark)
200 g Crème fraîche
200 g Schlagobers (Sahne)

Marillen waschen, halbieren, entkernen, in kleine Würfel schneiden und in einem Topf mit gerade so viel Wasser übergießen, sodass alle Marillenwürfel bedeckt sind. Etwa zwei Esslöffel Stevia-Flüssigkonzentrat beigeben, aufkochen und dann bei wenig Hitze weichköcheln. Dann das Wasser abgießen und die Marillen pürieren. Gelatine-Blatt nach Anweisung auflösen und vorsichtig unter das Marillenpüree rühren. Beiseite stellen und abkühlen lassen.

Topfen, Crème fraîche, Vanillezucker und etwa zwei Esslöffel Stevia-Flüssigkonzentrat in einer Schüssel vermengen. Schlagobers steif schlagen und unter die Topfenmasse heben.

Marillenpüree und Topfencreme in abwechselnden Schichten in passende Gläser füllen und genießen.

Die Dosierung von Stevia verlangt nach Feingefühl und Verkostung.

Eine nicht nur dekorative Süßspeise: Marillenpüree mit Topfencreme

Gewürzmischungen

Jedes Gewürzkraut für sich allein ist einzigartig in seinem Aroma und seinem Geschmack. Oft ist es diese Einzigartigkeit, die einer bestimmten Speise ihren Charakter gibt. Man denke bloß an Tomatensalat mit Oregano. Oregano – und sonst nichts an Gewürzen.

Die Mischung ist mehr als die Summe der einzelnen Aromen!

Andrerseits ergänzen sich manche Gewürzkräuter zu einem charakteristischen Bouquet raffinierter Geschmacksnuancen. Manche dieser Gewürzkräutermischungen sind zu Klassikern der feinen Küche geworden, andere zur Selbstverständlichkeit der ländlichen Küche mit ihren regionalen Besonderheiten.

Gemeinsam ist diesen Mischungen eines: Man sollte nicht nach Gutdünken mischen, was gerade frisch geerntet auf dem Küchentisch liegt.

Für den Anfang sollte man sich auf Kräutermischungen beschränken, deren Rezepturen erprobt und geschmacklich bewährt sind. Die wichtigsten davon finden Sie nachfolgend aufgeführt. Haben Sie dann schon einige Erfahrung in der Kunst der Kombination feiner Kräuteraromen gesammelt, können Sie sich auch an eigene Versuche wagen.

Kräuter der Provence

Die Kräuter sollen getrocknet sein, aber nicht zerrieben.

Unter dieser Bezeichnung findet man in den Regalen der Supermärkte eine Vielzahl verschiedener Mischungen. Paul Bocuse, der Großmeister der französischen Kochgilde, akzeptiert für seine provenzalische Kräutermischung jedoch nur fünf Zutaten: Thymian, Basilikum, Fenchel, Bohnenkraut und Lavendeltriebe. Er nennt auch gleich das Qualitätskriterium: Die Mischung darf nicht „stauben“, also nicht aus zerriebenen, getrockneten Kräuterresten bestehen.

Thymian, Basilikum, Fenchel, Bohnenkraut und Lavendeltriebe werden zuerst jedes für sich sorgfältig im Schatten getrocknet. Erst die getrockneten Zutaten werden in kleinen Portionen gemischt und am besten in Blechdosen oder Schraubdeckelgläsern aufbewahrt. Kleine Portionen haben den Vorteil, dass man die Mischung auf den Verwendungszweck abstimmen kann.

Für **Brotaufstriche** (Kräutertopfen, Grammelschmalz mit Kräutern):

2 Teile Thymian
2 Teile Basilikum
2 Teile Fenchel
3 Teile Bohnenkraut
1 Teil Lavendeltriebe

Für **legierte Suppe** aus Möhren, Petersilienwurzeln, Pastinaken, Topinambur und Kartoffeln:

1 Teil Thymian
3 Teile Fenchel
1 Teil Lavendeltriebe
2 Teile Basilikum
3 Teile Bohnenkraut

Für **grünen und gemischten Salat** wird die (getrocknete) Kräutermischung eine halbe Stunde vor dem Servieren in etwas Essig angesetzt. Für diesen Zweck mischt man

1 Teil Thymian
1 Teil Fenchel
2 Teile Lavendeltriebe
2 Teile Basilikum
2 Teile Bohnenkraut

Für **gebratenes oder gedünstetes Gemüse** (Zucchini, Kartoffelpuffer, Bohnen- oder Erbsenpüree):

2 Teile Thymian
3 Teile Fenchel
1 Teil Lavendeltriebe
3 Teile Basilikum
3 Teile Bohnenkraut

Für **Fisch-Marinaden** (besonders, wenn der Fisch gegrillt werden soll):

1 Teil Thymian
1 Teil Fenchel
1 Teil Lavendeltriebe
3 Teile Basilikum
2 Teile Bohnenkraut

Für das **Würzen der Fülle** von Ente, Gans und Wildgeflügel:

3 Teile Thymian
1 Teil Fenchel
2 Teile Lavendeltriebe
2 Teile Basilikum
1 Teil Bohnenkraut

Für **Hasenragout, Wildschweinragout, Kalbsbraten** und die **Fülle von Kalbsrollbraten:**

2 Teile Thymian
1 Teil Fenchel
1 Teil Lavendeltriebe
2 Teile Basilikum
2 Teile Bohnenkraut

Für **gedünstete Hühner- oder Kalbsleber**:

1 Teil Thymian
2 Teile Fenchel
1 Teil Lavendeltriebe
2 Teile Basilikum
3 Teile Bohnenkraut

Einfrieren der provenzalischen Kräutermischung ist nicht sinnvoll. Besser gleich „Gewürz-Eiswürfel“ herstellen!

Wegen des Anteils an getrocknetem, gemahlenem Fenchelsamen ist das Einfrieren der provenzalischen Kräutermischung nicht sinnvoll. In der angeführten Zusammenstellung kann sie sich nur entfalten, wenn man getrocknete Zutaten verwendet. Trotzdem kann man tiefgefrorene „Würzwürfel“ für die Verwendung in Suppen (siehe Seite 37) herstellen, bloß ersetzt man in diesem Fall den Fenchelsamen durch frisches Fenchelkraut. Es wird genauso wie die anderen Zutaten sofort nach der Ernte mit dem Wiegemesser fein gehackt. Alle gehackten Kräuter vermischt man sodann, füllt Eiswürfelschalen jeweils zu einem Drittel mit der Kräutermischung und gießt mit kaltem Wasser auf. Dann stellt man die Schalen in das Tiefkühlfach. Sobald die „provenzalischen Eiswürfel“ durchgefroren sind, kann man sie aus der Schale drücken und in Tiefkühlsäckchen in der Kühltruhe aufbewahren. Sie werden etwa fünf Minuten vor Ende der Kochzeit als Eiswürfel der Suppe beigegeben.

Eine **Universalmischung für Gemüsesuppen** besteht aus

1 Teil Thymian
2 Teilen Fenchelkraut
1 Teil Lavendeltrieben
1 Teil Basilikum
2 Teilen Bohnenkraut

Diese Mischung verliert nicht an Charakter, wenn die Suppe außerdem noch mit frischer Petersilie gewürzt oder mit gehacktem Schnittlauch bestreut wird. Auf Liebstöckel sollte man wegen seines dominanten Geschmacks jedoch verzichten.

Fines herbes

So nennt man die traditionellen französischen Gewürzmischungen aus frischen Kräutern oder in der Form einer Kräuteressenz. Welche Gewürzkräuter man dafür verwendet, hängt von Verwendungszweck und persönlichem Geschmack ab. Auf jeden Fall aber bilden Petersilie, Kerbel, Estragon und Schnittlauch – fein gehackt und etwa zu gleichen Teilen gemischt – die würzige Basis. Einen mediterranen Einschlag bekommt die Mischung durch Beigabe von Rosmarin, Majoran und Basilikum. Saucen für fetten Braten werden geschmacklich feiner und dem Magen verträglicher, wenn man zu den vier Basiskräutern Salbei und Thymian mischt.

Vier Kräuter als Basis; welche sonst noch dazu kommen, wird vom Verwendungszweck bestimmt.

Für die Basismischung werden Petersilie, Kerbel, Estragon und Schnittlauch mit dem Wiegemesser fein gehackt und zu gleichen Teilen miteinander vermengt. Diese Mischung passt roh zu grünem Salat, Kartoffel-, Eier- oder Meeresfrüchtesalat und zum Brotaufstrich aus Topfen oder Frischkäse. Kurz mitgekocht verfeinert sie Cremesuppen mit Gurken, Zucchini, Spargel oder Pilzen, Gemüse und Kartoffeln in Béchamelsauce sowie alle Gerichte mit Eiern (Omeletts, Rühreier, Eier im Glas).

Für die **mediterranen Geschmacksnuancen** mischt man

2 Teile Petersilie
2 Teile Estragon
1 Teil Rosmarin
2 Teile Basilikum
2 Teile Kerbel
2 Teile Schnittlauch
1 Teil Majoran

Diese Gewürzmischung kann mit den Speisen mitgegart werden. Sie passt zu gedünstetem Gemüse wie Auberginen, Kürbis, Tomaten und Zucchini, aber auch als Bratgewürz für Lammkoteletts und kurz gebratenes Schweinefleisch.

Die **Fines herbes-Essenz** lässt sich einfach und auf Vorrat herstellen. Die **„weiße Essenz"** verwendet man als Basis für Kräutersaucen. Sie wird mit Fond, Obers oder Crème fraîche dick eingekocht und harmoniert vorzüglich mit gebackenen Kartoffeln, Kalbsschnitzel oder Rindsgeschnetzeltem.

Für einen Liter **„weiße Essenz"** benötigt man:

4 EL gehackte Petersilie
4 EL gehackten Estragon
5 EL gehacktes Bohnenkraut
1 gehackte Schalotte
4 EL gehackten Kerbel
4 EL gehackten Schnittlauch
5 EL gehacktes Basilikum
1 Liter trockenen Weißwein

Gehackte Kräuter und Schalotte in einem ausreichend großen Topf gut vermengen. Den Weißwein aufkochen und über die Kräutermischung gießen. Den Topf mit einem Deckel verschließen und die Mischung eine Stunde ziehen lassen. Dann durch ein feines Sieb abgießen und in gut verschließbare Flaschen füllen. Kühl und dunkel gelagert ist die Essenz etwa ein Jahr lang haltbar.

"Weiße Essenz" für Kräutersaucen, „rote Essenz" für Fleischfonds und Bratensaft!

Die **„rote Essenz"** wird vorwiegend als Basis für Fleischfonds und Bratensaft verwendet. Man kann Fleisch für den Braten damit beträufeln, bevor man den Braten ins Backrohr schiebt. Wird ein Braten gefüllt, bestreicht man vor dem Füllen die Innenseiten mit der Kräuteressenz.

Für einen Liter **„rote Essenz"** benötigt man:

4 EL gehackte Petersilie
4 EL gehackten Estragon
5 EL gehackten Oregano
3 EL abgezupfte Thymianblättchen
1 gehackte Schalotte
1 Liter Rotwein
4 EL gehackten Kerbel
4 EL gehackten Schnittlauch
5 EL gehackten Salbei
3 EL gehackten Rosmarin
1 TL gemahlener Kümmel
1 gepresste Knoblauchzehe

Den Rotwein zum Kochen bringen und in einem großen Topf über die Gewürzmischung gießen. Den Topf mit einem Deckel verschließen und die Mischung etwa drei Stunden lang ziehen lassen. Dann abseihen, in Flaschen füllen und bis zum Gebrauch kühl und dunkel lagern. Die Haltbarkeit der Essenz beträgt etwa ein Jahr.

Bouquet garnis

Ein Kräutersträußchen für alles, was man lange schmoren lässt.

So nennt die feine Küche jenes gemischte Kräutersträußchen für alle Gerichte, die sanft sieden und lange schmoren sollen. Die Kräuter können frisch oder getrocknet sein, nicht aber zerkleinert. Man benötigt die ganzen Stämmchen oder Blätter, um sie zu Sträußen zu binden. Die Kräuter eines Bouquet garni werden nämlich nach dem Kochen entfernt.

Ein klassisches Bouquet garni besteht aus drei Stämmchen Petersilie, einem Thymianzweig und einem Lorbeerblatt. Je nach Art und geschmacklicher Eigenart des Gerichtes kann man diesen Kräuterstrauß mit zusätzlichen Gewürzen ergänzen.

Frische Kräuter bindet man mit Küchengarn zu einem Sträußchen. Getrocknete Kräuter gibt man am besten in einen Teefilterbeutel aus Leinen. So verhindert man, dass sie zerkochen und man die Brühe abseihen muss, um die Kräuterreste vor dem Servieren zu entfernen.

Das Bouquet garni aus Petersilie, Thymian und Lorbeerblatt passt zu Fischfond und Brühen für Forelle und Karpfen ebenso wie für den Fischfond als Basis für Kräutersauce. Für Rindsuppe, Kalbsragout und

Ein Bouquet garni ist ein Kräutersträußchen, das je nach Verwendungszweck variiert werden kann.

Hühnersuppe kann man diesen Strauß um ein Stämmchen Liebstöckel ergänzen.

Für gedünstete Kalbs- oder Hühnerleber fügt man dem Bouquet zwei Stämmchen Estragon hinzu – und dem Fond ein Stückchen unbehandelte Zitronenschale. Lammragout hingegen verlangt nach zwei Stämmchen Rosmarin als Vollendung des Bouquets (und nach Knoblauch ohnehin). Und wer Rindsrouladen zubereitet, sollte das aromatische Spektrum des Bouquet garni durch Stücke einer unbehandelten Orangenschale und einer Zimtstange ergänzen.

„Grüne Sauce"

Für die Grüne Sauce gibt es eine Vielzahl von Rezepten. Meist jedoch ist die „Frankfurter Grüne Sauce" gemeint. Die Kräuter, denen sie die grüne Farbe verdankt, sind immer die gleichen: Petersilie, Pimpinelle, Brunnenkresse, Kerbel, Schnittlauch, Borretsch und Sauerampfer. Als einzige Variation wird manchmal die Brunnenkresse durch Gartenkresse oder Dill ersetzt. Die Grüne Sauce ist ein typisches Frühlingsgericht: Alle Kräuter sind frisch verfügbar und nur frisch geben sie der Grünen Sauce ihren einzigartigen Geschmack. Außerdem ist der Genuss von Sauerampfer nur im Frühling zu empfehlen, weil die jungen Blätter noch wenig Oxalsäure enthalten.

Eine Vielzahl frischer Kräuter für die grüne Frühlingssauce.

Als Zutaten für die **„Frankfurter Grüne Sauce"** benötigt man:

50 g Sauerampfer
20 g Kerbel
30 g Brunnenkresse
1 Bund Schnittlauch
1/8 Liter Schlagobers
1 EL Zitronensaft
20 g Pimpinelle
50 g Borretsch
5 Stämmchen Petersilie
4 hartgekochte Eier
3 EL Senf
Salz und Pfeffer

Alle Kräuter werden gewaschen und im nassen Zustand gehackt. Aus dem Eigelb der gekochten Eier und dem Schlagobers wird eine Mayonnaise gerührt, mit Senf, Zitronensaft, Salz und Pfeffer abgeschmeckt und die gehackten Kräuter damit vermischt.

Die Sauce passt am besten zu Bratkartoffeln und gekochtem Rindfleisch. Sie macht sich aber auch zu gebratener Lammkeule, zu pochiertem Rinderfilet, zu Gemüselaibchen und zu Krautrouladen gut.

Die italienischen „Grünen Saucen" heißen Pesto bzw. Salsa verde. Für Pesto werden frisches Basilikum, Pinienkerne, Knoblauch und Parmesan in etwas Olivenöl püriert. Pesto wird mit Nudeln vermischt und wer den Geschmack der Toskana auf dem Teller haben will, genießt Nudeln mit Pesto und grünen Bohnen.

Für Salsa verde püriert man Petersilie, Basilikum, Knoblauch, Kapern und Pinienkerne mit Sardellenfilets. Diese „Grüne Sauce" ist eine klassische Beilage zu gekochtem Rindfleisch oder gekochter Rinderzunge mit Kartoffeln.

Masala

Wer öfters mal einen Ausflug in die exotische Küche unternimmt, wird es wissen: Wesentlich ist die Auswahl der Gewürze. Ob ein Ochsenschwanzragout wie aus der bengalischen Küche schmeckt, hängt von der richtigen Gewürzmischung ab. Die am weitesten verbreitete und auch in Mitteleuropa aus heimischen Gewürzkräutern herstellbare Mischung ist das Masala, das „Fünf-Gewürze-Geheimnis". Es stellt das tragende Aroma sowohl der indischen als auch der bengalischen und teilweise der vietnamesischen und der chinesischen Küche dar. Wer gerne Speisen im Wok zubereitet, braucht Masala wie das Salz für die Suppe.

Wie exotisch ein exotisches Gericht schmeckt, das hängt von den Gewürzen ab.

Die fünf Gewürze, aus denen Masala gemischt wird, sind Anis, Sauerklee- oder Bockshornkleesamen, Kreuzkümmel, Schwarzkümmel und Senfsamen. Die Gewürze werden gemischt und im Mörser fein zermahlen. Die weite Verbreitung bringt natürlich gewisse Variationen mit sich, vor allem hinsichtlich der Mischungsanteile. Die folgenden Angaben sollen aber einen Anhaltspunkt bieten.

Masala für **klare Suppe** mit Shiitake-Pilzen, Krabben oder Hühnerbruststreifen, für **marinierten und gebratenen Tofu**, für **Omelettstreifen auf Glasnudelsalat** mit Gemüse oder Krabben sowie für **gebratene Entenbrust** auf Blattsalat mischt man aus:

2 Teilen Anis
2 Teilen Kreuzkümmel
3 Teilen Senfsamen
1 Teil Kleesamen
1 Teil Schwarzkümmel

Für **geschmortes Gemüse** wie Auberginen, Karfiol, Kohlrabi, Zucchini und Hülsenfrüchte sowie für **gebratene Laibchen** aus Gemüse, Kartoffeln und Hülsenfrüchten:

1 Teil Anis
1 Teil Kreuzkümmel
2 Teile Senfsamen
1 Teil Kleesamen
2 Teile Schwarzkümmel

In der Verwendung gibt es genauso Unterschiede wie in den Mischungsanteilen. Bei Hühner- und Rindfleisch wird Masala häufig nur für die Marinade gebraucht. Bei Pfannengerichten wird es meist mitgekocht.

In der indischen Küche dient Masala als Speisewürze bei Tisch, aber niemals als rohes Pulver. Es wird in Öl oder Butterschmalz bei wenig

Hitze kurz angeröstet – gerade so lange, bis es zu duften beginnt – und in einem Tässchen auf den Tisch gestellt.

Suppengrün

Was Sie fast täglich für die Suppe brauchen und vielleicht deshalb für eine würzige Selbstverständlichkeit halten, darf auch in der Aufzählung der Gewürzmischungen nicht fehlen: das Suppengrün. Seine Zusammensetzung variiert nach Region und Jahreszeit, sollte aber zumindest aus drei Stämmchen Petersilie sowie je einem Stück Karotte, Petersilienwurzel, Lauch und Knollensellerie bestehen. An Gewürzkräutern gibt man häufig ein bis zwei Stämmchen Liebstöckel und oft auch etwas Thymian bei. Die Petersilienwurzel kann durch die mildere Pastinake ersetzt werden. Das „Suppengrün" der französischen Küche nennt man „Mirepoix". Es besteht aus zerkleinerter Knollensellerie, Karotte, Zwiebel und Thymian.

Suppengrün hat mehr zu bieten als nur Aroma für die klare Suppe.

Die Verwendungsmöglichkeiten eines Bundes Suppengrün gehen weit über jene des bloßen Aromatisierens der klaren Suppe hinaus. Traditionellerweise wird das Suppengrün im Ganzen in Suppe oder Bratensaft mitgekocht und anschließend entfernt. In der modernen Küche dient es aber auch häufig als eigenständige Gemüsebeilage zu Fisch, Fleisch und Geflügel und sogar als Fülle von Teigtäschchen oder Quiches. Verträgt die Speise eine intensivere Würze, so schneidet man das Suppengrün klein und lässt es in wenig Öl kurz anbraten. Erst dann gibt man es der Suppe oder dem Bratensaft bei.

Als eigenständige Würze passt Suppengrün – fein zerkleinert oder nach dem Anrösten püriert – vorzüglich zu Kartoffelsalat, Linsen- oder Bohnensalat, zu Gemüse-, Fisch- oder Fleischsülzen, in Grieß-, Buchweizen- oder Grünkernsuppe und in den Sud für gebratene Gans oder Ente.

Nur grob zerkleinertes, in Öl angeschwitztes Suppengrün kann man in Kartoffel- oder Gemüsesuppen mitkochen oder für die Fülle von Rindsrouladen verwenden. Es passt außerdem zu Omeletts mit Pilzen, zu gebratenem Reis, in Ragout, Gulasch und Kartoffelgulasch sowie zu jeder Art von gedünstetem Gemüse, wie etwa Auberginen, Kohlrabi oder Kürbis.

Marinaden

Marinieren war ursprünglich eine Form der Konservierung leicht verderblicher Lebensmittel. Während aber für unsere Großmütter die Haltbarmachung an erster und der feine Geschmack erst an zweiter Stelle kam, setzt unsere heutige Küche andere Prioritäten. Da geht es nur um den Geschmack. Für die Haltbarmachung haben wir schließlich Kühlschrank, Tiefkühltruhe und Vakuumverpackung.

Eine Marinade besteht im Wesentlichen aus Essig und Gewürzen. Der Essig wirkt konservierend und lässt keine Bakterien an das sauer Eingelegte heran. Fleisch, Wild und Fisch werden durch die Wirkung des Essigs zart und weich. Besonders bei grobfasrigem Fleisch kann die richtige Marinade Wunder wirken. Die Gewürzkräuter sorgen für den besonderen Geschmack.

Die Marinade muss die Fleisch- oder Fischstücke zur Gänze bedecken!

Für kleinere Fleisch- und Fischstücke wird die Marinade stets kalt angerührt und über das Fleisch oder den Fisch gegossen. Die Menge muss ausreichend sein, um die Stücke zur Gänze zu bedecken. Bei der Auswahl der Schüssel für das Marinieren sollte man einer aus Steingut den Vorzug geben. Ein emaillierter Topf tut es auch – aber keinesfalls Geschirr aus Aluminium, Kupfer oder Gusseisen, weil diese Materialien in Essig oxidieren!

In früheren Zeiten ließ man das Marinierte an einem kühlen Ort stehen, bis es an der Zeit war, es in der Küche weiterzuverarbeiten. Es ging ja in erster Linie um die Konservierung, der Geschmack war ein erwünschter und willkommener Nebeneffekt.

Heute geht's allein um den Geschmack und seine Intensität ist von der Zeit, welche Fleisch oder Fisch in der Marinade zubringen, abhängig. Allgemein kann man sagen: Kleine, portionierte Stücke – Steaks, Koteletts, Fischfilets – brauchen etwa vier bis fünf Stunden, große Stücke etwa zwei Tage.

Für Wild wird die Marinade aufgekocht!

Die Marinade für Wild ist ein eigenes Kapitel. Für Reh, Hirsch und Haarwild soll eine aufgekochte Marinade verwendet werden. Nach deren Abkühlen wird das Wildbret eingelegt und soll zwischen zwei und vier Tagen darin bleiben. Die aufgekochte Marinade wirkt intensiver, macht den strengen Wildgeschmack milder und grobfasrige Stücke zarter. Die Marinade sorgt dafür, dass die Stücke ihre Form behalten.

Übrigens:

Egal, was Sie in die Marinade legen, ob Fleisch, Fisch oder Wild – es darf keinesfalls gesalzen werden! Die Marinade ist absolut salzlos. Erst wenn Sie die Stücke aus der Marinade genommen haben, dürfen Sie nach dem Salzfässchen greifen!

Und dass nur frische Stücke in die Marinade sollen und keine tiefgefrorenen, ist naheliegend. Tiefgefrorenes muss vollständig aufgetaut und abgetropft sein, bevor es in die Marinade darf!

Rezepte für Marinaden

Es gibt eine Vielzahl von Marinaden für Wild, Fleisch und Fisch. Wie meist, wenn Kräuter mit im Spiel sind, hat auch die Fantasie ihren Spielraum. Die folgenden Rezepte sind deshalb als Grundrezepte gedacht.

Kalte Fischmarinade

3 Zwiebeln
¼ Liter Weißweinessig
1 EL Senfkörner
2 Gewürznelken
¼ Liter Maiskeimöl
3 Lorbeerblätter
1 TL Koriander

Zwiebeln in dünne Ringe schneiden, Lorbeerblätter, Koriander, Senfkörner und Gewürznelken daruntermengen, Essig und Öl verrühren und über die anderen Zutaten gießen. Eine Universalmarinade für kleine Seefische, Filets von Seefischen und große Süßwasserfische!

Gekochte Fischmarinade

½ Liter Weißweinessig
3 EL frische, gehackte Dille
1 TL Koriander
5 Wacholderbeeren
½ Liter Wasser
1 Lorbeerblatt
1 TL Senfkörner
3 Gewürznelken

Essig mit Wasser verdünnen, in feine Ringe geschnittene Zwiebel und die anderen Zutaten beigeben und kurz aufkochen. Nach dem Abkühlen über den Fisch gießen. Für alle Fische gut, für Hecht, Zander und Barsch hervorragend!

Weisse Wildmarinade

¼ Liter Weißweinessig
½ Liter Weißwein
10 Wacholderbeeren
1 EL frischer, gehackter Thymian
¼ Liter Wasser
1 Zwiebel
1 EL Senfkörner
1 EL grüne Pfefferkörner

Zwiebel in Ringe schneiden, alle Gewürze dazugeben und mit dem Gemisch aus Essig, Wein und Wasser übergießen. Kurz aufkochen und nach dem Abkühlen über das Wildbret gießen.

Rote Wildmarinade

2 Zwiebeln
½ Liter trockener Rotwein
¼ Liter Wasser
5 EL Olivenöl
2 EL frischer, gehackter Thymian
2 Knoblauchzehen
¼ Liter Rotweinessig
5 EL Kräuteressig
2 EL Wacholderbeeren
1 EL grüne Pfefferkörner
1 Lorbeerblatt

Zwiebeln und Knoblauchzehen kleinschneiden, Thymian, Wacholderbeeren, Pfefferkörner und Lorbeerblatt dazugeben. Olivenöl, Wein, Rotweinessig, Kräuteressig und Wasser verrühren und über die anderen Zutaten gießen. Kurz aufkochen und nach dem Abkühlen über das Wildbret gießen. Die angegebene Menge reicht für einen Liter Marinade, das entspricht etwa dem Bedarf beim Marinieren eines Lendenstücks. Die Stücke müssen jedenfalls völlig von der Marinade bedeckt sein. Das heißt: Man kann zu wenig Marinade verwenden, aber niemals zu viel!

Grillmarinade

1 Zwiebel
¼ Liter Weißwein
¼ Liter Wasser
2 EL frischer, gehackter Thymian
2 Knoblauchzehen
¼ Liter Weißweinessig
1 EL Pfefferkörner
2 Lorbeerblätter
3 Gewürznelken

Zwiebel und Knoblauch kleinschneiden. Essig, Wein und Wasser vermischen und mit allen Zutaten kurz aufkochen. Nach dem Abkühlen das Fleisch einlegen.

Sauerbratenmarinade

1 Petersilienwurzel
1 Mohrrübe
1 Lorbeerblatt
5 EL Weißweinessig
1 TL Zucker
1 Sellerie
1 Zwiebel
¼ Liter Weißwein
2 EL Rosinen
etwas Pfeffer

Petersilienwurzel, Zwiebel, Sellerie und Mohrrübe kleinschneiden, Rosinen und Lorbeerblatt dazugeben, mit Gemisch aus Wein und Essig übergießen, Zucker und Pfeffer darin verrühren und kurz aufkochen. Die abgekühlte Marinade über mageres Rindfleisch gießen. Zugedeckt etwa drei Tage an einem kühlen Ort ziehen lassen.

Lammfleischmarinade

1 Zwiebel
3 EL Rotweinessig
1/16 Liter Kornschnaps
2 Knoblauchzehen
5 EL Olivenöl
1 TL Pfeffer
2 EL frisches, gehacktes Basilikum
1 EL frische, gehackte Salbeiblätter
1 EL frischer, gehackter Thymian

Zwiebel und Knoblauch kleinschneiden, Basilikum, Salbei und Thymian beigeben und mit dem Gemisch aus Essig, Öl und Schnaps übergießen. Mit Pfeffer würzen und gut durchrühren. Größere Stücke für Lammbraten sollen etwa zwei Tage in der Marinade ziehen, Lammkoteletts vier bis fünf Stunden.

Steakmarinade

2 EL Weißweinessig
2 EL scharfer Senf
2 EL Ketchup
2 feingehackte Knoblauchzehen
2 EL Olivenöl
2 EL Zitronensaft
1 EL frischer, gehackter Estragon
1 EL frischer, gehackter Rosmarin

Essig, Öl und Zitronensaft vermischen, alle Zutaten einrühren und die Marinade über die Rindersteaks gießen.

Wird das Fleisch vor dem Grillen mariniert, schmeckt das Steak umso mürber.

Aus unserem Programm

Anbau-Übersicht

	1-, 2- od. mehrjährig	Standort	Boden	Platzbedarf	Anmerkung
Melisse	mehrjährig	sonnig, windgeschützt	humos, sandig, nicht zu trocken	40 cm Abstand	
Minze	mehrjährig	sehr sonnig	mäßig feucht, gute Gartenerde	dicht im kleinen Beet säen	wuchskräftig
Mohn	einjährig	sehr sonnig	Gartenerde	je nach Sorte dichte Saat	
Muskatellersalbei	zweijährig	sehr sonnig	anspruchslos, eher trocken	50 cm Abstand	auch im Topf
Orangenthymian	mehrjährig	volle Sonne, heiß und trocken	durchlässig, mager und sandig	30 cm Abstand	auch im Topf
Oregano	mehrjährig	volle Sonne, warm, windgeschützt	nicht zu feucht, anspruchslos	30 cm Abstand, kann recht buschig werden	
Paprika	einjährig	südliche Hauswand, windgeschützt	locker, nahrhaft	je nach Sorte	
Petersilie	zweijährig	sonnig, halbschattig	nährstoffreich	40 cm	
Pfirsichsalbei	mehrjährig	sonnig, warm, windgeschützt	mäßig kalkhaltig, trocken, durchlässig	40 cm Abstand	auch im Topf
Pimpinelle	mehrjährig	volle Sonne	mäßig feucht	8 Pflanzen je m^2	
Raute	mehrjährig	volle Sonne	mäßig feucht	40 x 15 cm, ca. 50 cm Höhe	
Rosmarin	mehrjährig	volle Sonne, windgeschützt	anspruchslos, trocken	50 cm, bis zu 1 m Höhe	Winterschutz wichtig, auch im Topf
Salbei	mehrjährig	volle Sonne	trocken, durchlässig	40 x 15 cm Abstand, 80 cm Höhe	auch im Topf